チャ太郎ドリル
夏休み編

ステップアップノート

小学４年生

もくじ

算数

英語

[illegible]

国語は，いちばん後ろのページからはじまるよ!

1 わり算の筆算①

答え 8ページ

ここに 80 このあめがあるよ。
このあめを同じ数ずつ 20 人に分けてみよう。

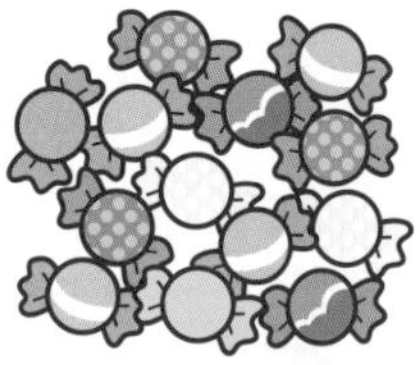

まず，10 こずつふくろに分けてみよう。
何ふくろできるかな。

8 ふくろできたよ。
20 人に 1 こずつ分けるには
2 ふくろ必要《ひつよう》だから，
1 人分は 4 こになるね。

10 10	10 10
10 10	10 10

(全部のこ数)÷(分ける人数)=(1 人分のこ数)だから，
式で表すと，「80÷20=4」になるのだ。

1 次の計算をしましょう。

① 90÷30　② 60÷30

③ 40÷20　④ 80÷40

⑤ 200÷40　⑥ 210÷70

⑦ 800÷50　⑧ 600÷20

2 えん筆が 60 本あります。20 本ずつ箱に入れると，何箱できますか。

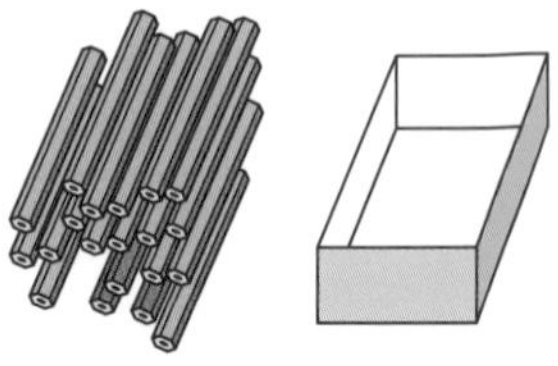

[式]

[答え]

月　日

2 わり算の筆算②

答え 8ページ

84÷21 のわり算の商っていくつかな。

84 を 80，21 を 20 とみて，
80÷20 の計算を考えてみると商の見当がつきそうだね。

これを計算すると 80÷20＝4 だから，
84÷21 の商も 4 として考えてみよう。

21×4＝84 だから，
84÷21＝4 で正しくなるのだ。
わる数が大きくなっても商の見当をつけることができるぞ。

1 次の計算をしましょう。

① 87÷29　　② 72÷12

③ 78÷39　　④ 63÷21

⑤ 84÷28　　⑥ 92÷23

⑦ 85÷17　　⑧ 98÷14

2 色紙が 69 まいあります。この色紙を 1 人に 23 まいずつ分けると，何人に分けられますか。

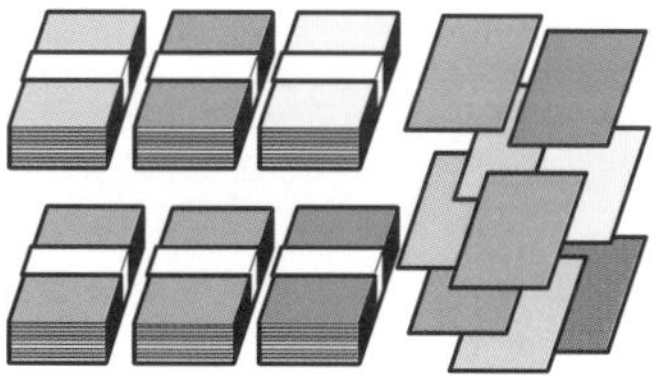

[式]

[答え]

月　日

3　がい数の表し方①

答え 8ページ

買い物をするためにスーパーマーケットに来たよ。トマトが 1 パック 380 円で売っているね。

これを買おう。
えっと，100 円玉は何まい必要《ひつよう》かな。

380 円だから 3 まいだと足りないよ。
380 円を 400 円と考えれば，4 まいあれば足りるね。

およその数のことを**がい数**というぞ。380 円を 400 円というがい数にすることを**切り上げ**というのだ。

1　10 円玉を何まいか持っているとき，次のものを買うには何円出せばよいですか。

①　28 円のチョコレート

②　54 円のアイスクリーム

③　32 円のえん筆

④　147 円の電池

4　がい数の表し方②

答え 8ページ

みんなでなわとびをしよう！
とんだ回数の十の位《くらい》までを記録《きろく》することにするよ。

わたしは 67 回とんだよ。十の位《くらい》までということは，67 回の 7 回は考えないから…

60 回だね。ぼくは 127 回とんだから，十の位《くらい》までで表すと 120 回になるよ。

ある数の位《くらい》を 0 とみてがい数にすることを**切り捨《す》て**というぞ。
この場合は，一の位《くらい》を切り捨《す》てているぞ。

1　泳いだきょりを，十の位《くらい》まで記録《きろく》することにしたとき，次のきょりは何 m と記録《きろく》すればよいですか。

① 72m

② 13m

③ 49m

④ 203m

月　日

5 計算のきまり①

答え 8ページ

210円のたまごと390円の肉を買うよ。
今，1000円を持っているからおつりは何円になるかな。

代金は，210＋390＝600（円）だから，
おつりは，1000－600＝400（円）だね。

1つの式にすると，
1000－(210＋390)と表せるね。

（　）のある式では，
（　）の中を先に計算するきまりがあるのだ。
このきまりを使うと，
1000－(210＋390)＝1000－600
　　　　　　　　　＝400（円）
と計算することができるぞ。

1 次の計算をしましょう。

① 8－(2＋3)

② 7＋(54－34)

③ 20×(10－2)

④ (12＋4)×5

⑤ (8＋4)÷12

⑥ 36÷(9－5)

6 計算のきまり②

答え 8ページ

12円のガムと25円のグミを，
それぞれ5こずつ買うと代金はいくらになるかな。

ガムとグミをそれぞれ1こずつ買うときの代金から考えると，
$(12+25)\times5=37\times5=185$（円）
という計算で代金を表せるよ。

ガム5こ，グミ5この代金の合計だと考えると，
$(12\times5)+(25\times5)=60+125=185$（円）
という計算でもいいね。

その通り！計算には，
$(12+25)\times5=(12\times5)+(25\times5)$のように，
$(\bigcirc+\triangle)\times\square=(\bigcirc\times\square)+(\triangle\times\square)$
というきまりがあるのだ！

1 次の□にあてはまる数を書きましょう。

① $(2+3)\times4$

$=(2\times\square)+(3\times\square)$

$=\square+\square$

$=\square$

② $(5+7)\times6$

$=(\square\times6)+(\square\times6)$

$=\square+\square$

$=\square$

算数

算数

1 わり算の筆算① 2ページ

1 ① 3 ② 2 ③ 2 ④ 2
⑤ 5 ⑥ 3 ⑦ 16 ⑧ 30

2 [式] 60÷20=3
[答え] 3 箱

かんがえかた

1⑥ 210÷70 は 21÷7 の計算で求《もと》められます。

2 わり算の筆算② 3ページ

1 ① 3 ② 6 ③ 2 ④ 3
⑤ 3 ⑥ 4 ⑦ 5 ⑧ 7

2 [式] 69÷23=3
[答え] 3 人

かんがえかた

1わられる数とわる数をきりのよい数にして，商の見当をつけます。これが正しい商でなかったら，その前後の数で考えます。

3 がい数の表し方① 4ページ

1 ① 30 円 ② 60 円
③ 40 円 ④ 150 円

かんがえかた

1ねだんより大きい何十の数で答えましょう。これを切り上げといいます。
一の位《くらい》を切り上げると，
①は 28 → 30，②は 54 → 60，
③は 32 → 40，④は 147 → 150
になります。

4 がい数の表し方② 5ページ

1 ① 70m ② 10m
③ 40m ④ 200m

かんがえかた

1泳いだきょりより小さい何十の数を答えましょう。これを切り捨《す》てといいます。一の位《くらい》を切り捨《す》てると，
①は 72 → 70，②は 13 → 10，
③は 49 → 40，④は 203 → 200
になります。

5 計算のきまり① 6ページ

1 ① 3 ② 27 ③ 160
④ 80 ⑤ 1 ⑥ 9

かんがえかた

1(　) の中を先に計算しましょう。計算していない部分はそのまま残《のこ》しておきます。
② 7+(54−34)=7+20=27
④ (12+4)×5=16×5=80
⑥ 36÷(9−5)=36÷4=9

6 計算のきまり② 7ページ

1 ① 順《じゅん》に，4，4，8，12，20
② 順《じゅん》に，5，7，30，42，72

かんがえかた

1(○+△)×□=(○×□)+(△×□) を使います。どちらの方法《ほうほう》で計算しても答えは同じです。

チャ太郎ドリル
夏休み編

ステップアップノート

小学4年生

英語

1 曜日

曜日を表す英語は何というかな？

答え 16ページ

Sunday《サンデイ》
日曜日

Monday《マンデイ》
月曜日

Tuesday《テューズデイ》
火曜日

Wednesday《ウェンズデイ》
水曜日

Thursday《さ～ズデイ》
木曜日

Friday《ふライデイ》
金曜日

Saturday《サぁタデイ》
土曜日

「日曜日」は Sunday というぞ。
sun《サン》は「太陽」という意味だぞ。

Let's try!

1 次の絵を見て，予定が入っていない曜日の単語《たんご》を３つ○でかこみましょう。

★予定表★

日曜日	
月曜日	テニスの練習
火曜日	
水曜日	算数の勉強
木曜日	国語の勉強
金曜日	
土曜日	映画

（ Sunday
Tuesday
Wednesday
Friday
Saturday ）

○をつけるのは３つだね！

2 次の絵に合う単語《たんご》を○でかこみましょう。

①

（ Monday / Tuesday ）

②

（ Thursday / Friday ）

月　日

2 動物①

動物を表す英語は何というかな？

答え 16ページ

cat《キぁット》
ネコ
cow《カウ》
ウシ
rabbit《ラぁビット》
ウサギ
sheep《シープ》
ヒツジ
dog《ド(ー)グ》
イヌ

「食べ物」は food《ふード》 というよ。だから
イヌのえさは「ドッグフード」っていうんだね。

Let's try!

1 次の絵と単語《たんご》が合っていれば○，ちがっていれば×を（　　）に書きましょう。

①

dog

（　　　　）

②

cow

（　　　　）

2 次の絵に合う単語《たんご》をさがして，①は○で，②は□でかこみましょう。

w	s	r	s	o	a
s	h	a	s	t	r
o	e	s	d	o	s
g	e	o	s	c	g
s	p	s	t	o	g
t	d	w	a	r	c
r	a	b	b	i	t

①

②

たてと横で
さがしてね。

3 動物②

動物を表す英語は何というかな？

答え 16ページ

マンキ
monkey
サル
ワイるド ボーア
wild boar
イノシシ
スネイク
snake
ヘビ
ホース
horse
ウマ
タイガ
tiger
トラ

wild《ワイるド》は「野生の」という意味だよ。

Let's try!

1 次の絵に合う英語《えいご》を線で結《むす》びましょう。

monkey　　wild boar　　tiger

2 次の絵の中にいる動物には○，いない動物には×を（　　）に書きましょう。

① horse

（　　　　）

② snake

（　　　　）

英語

4 食べ物①

食べ物を表す英語は何というかな？

答え 16ページ

steak《スティク》
ステーキ

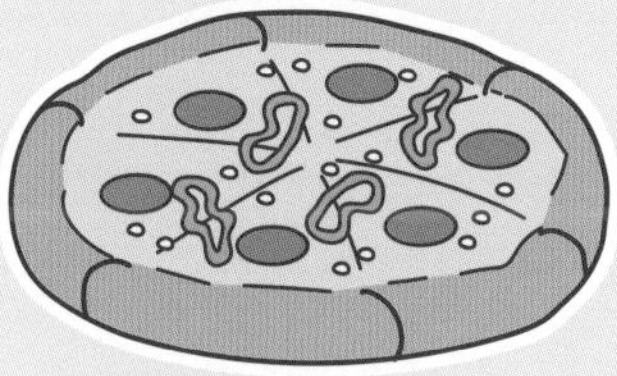

pizza《ピーツァ》
ピザ

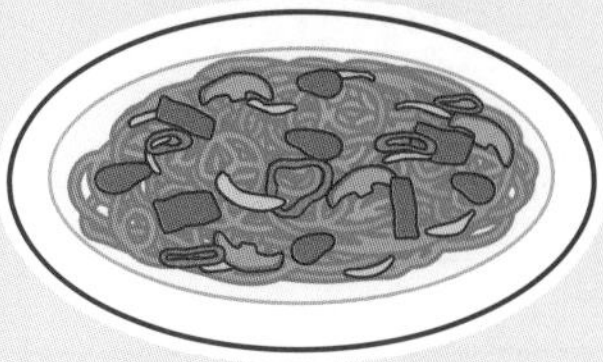

spaghetti《スパゲティ》
スパゲッティ

sandwich《サぁン(ド)ウィッチ》
サンドイッチ

salad《サぁらド》
サラダ

hamburger《ハぁンバ～ガ》
ハンバーガー

日本語の読み方とはちがうものがあるよ。
気をつけようね。

Let's try!

1 次の単語《たんご》に合う絵を選《えら》んで，記号で答えましょう。

① salad　（　　　）

② sandwich　（　　　）

③ hamburger　（　　　）

ア 

イ 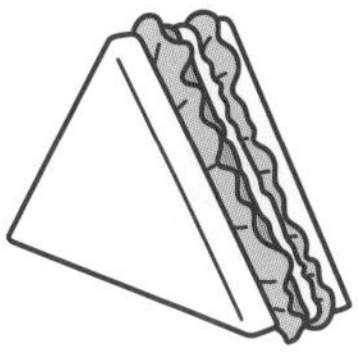

ウ 

2 次の絵と単語《たんご》が合っていれば○，ちがっていれば×を（　　）に書きましょう。

①  spaghetti　（　　　）

② 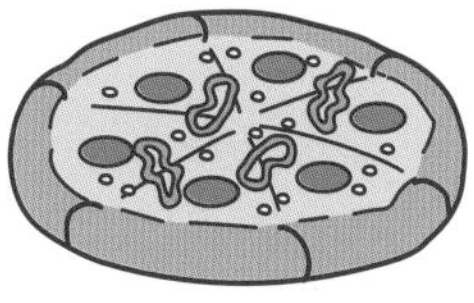 pizza　（　　　）

月　日

5 食べ物②

食べ物を表す英語は何というかな？

答え 16ページ

parfait《パーふェイ》
パフェ
ice cream《アイス クリーム》
アイスクリーム
cake《ケイク》
ケーキ
pudding《プディング》
プリン
pie《パイ》
パイ

「デザート」は dessert《ディザ〜ト》というぞ。
日本語でも聞いたことがあるかな?

Let's try!

1 次の絵を見て，メニューにない食べ物の英語《えいご》を○でかこみましょう。

プリン
300円
パフェ
550円
アイスクリーム
250円

ice cream
cake
pie
parfait

1つずつ絵と
見くらべてみよう！

2 次の絵に合う単語《たんご》を線で結《むす》びましょう。

・　　　・　　　・

・　　　・　　　・

cake　　　pudding　　　parfait

月　日

6 日課

日課を表す英語は何というかな？

答え 16ページ

get《ゲット》 up《アップ》
起きる

have《ハあヴ》 breakfast《ブレックふァスト》
朝食を食べる

brush《ブラッシ》 my《マイ》 teeth《ティーす》
歯をみがく

go《ゴウ》 to《トゥー》 school《スクーる》
学校へ行く

go《ゴウ》 home《ホウム》
家に帰る

do《ドゥー》 my《マイ》 homework《ホウムワ～ク》
宿題をする

夏休みの宿題は終わったかな?
ぼくはばっちりさ！

英語

Let's try!

1 次の英語《えいご》に合う絵を選《えら》んで，記号で答えましょう。

① brush my teeth　(　　　　)　② get up　(　　　　)　③ go home　(　　　　)

ア

イ

ウ

2 次の絵の中にある日課《にっか》には○，ないものには×を（　　）に書きましょう。

わたしの週末

8：00	起きる
10：00	宿題をする
12：00	昼食を食べる
15：00	友だちと遊ぶ☆
18：30	夕食を食べる
20：00	歯をみがく

① go to school　(　　　　)

② do my homework　(　　　　)

1 曜日 10ページ

1 Sunday, Tuesday, Friday

2 ① Monday ② Thursday

かんがえかた

2 Tuesday と Thursday はにているので，注意して覚《おぼ》えましょう。

2 動物① 11ページ

1 ① ○ ② ×

2

		②				
	w	s	r	s	o	a
	s	h	a	s	t	r
	o	e	s	d	o	s
	g	e	o	s	c	g
	s	p	s	t	o	g
	t	d	w	a	r	c
①	r	a	b	b	i	t

かんがえかた

1 ②「ネコ」は cat といいます。cow は「ウシ」という意味です。

2「ウサギ」は rabbit，「ヒツジ」は sheep といいます。

3 動物② 12ページ

1

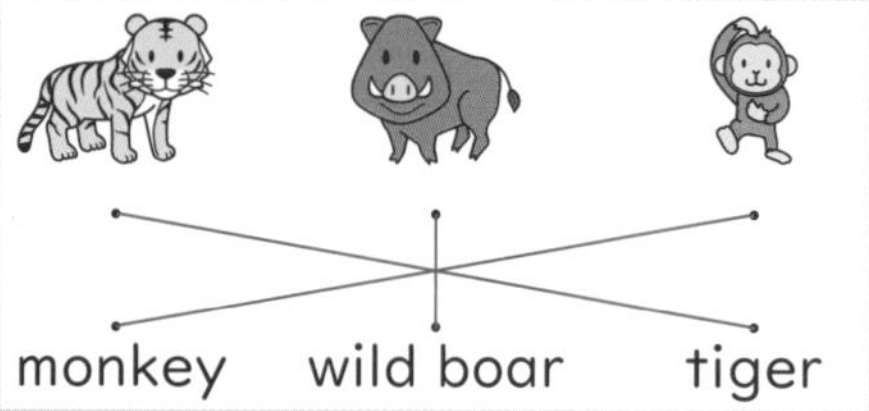

2 ① × ② ○

かんがえかた

2 horse は「ウマ」，snake は「ヘビ」という意味です。

4 食べ物① 13ページ

1 ① ウ ② イ ③ ア

2 ① × ② ○

かんがえかた

2 ①「ステーキ」は steak といいます。spaghetti は「スパゲッティ」という意味です。

5 食べ物② 14ページ

1 cake, pie

2

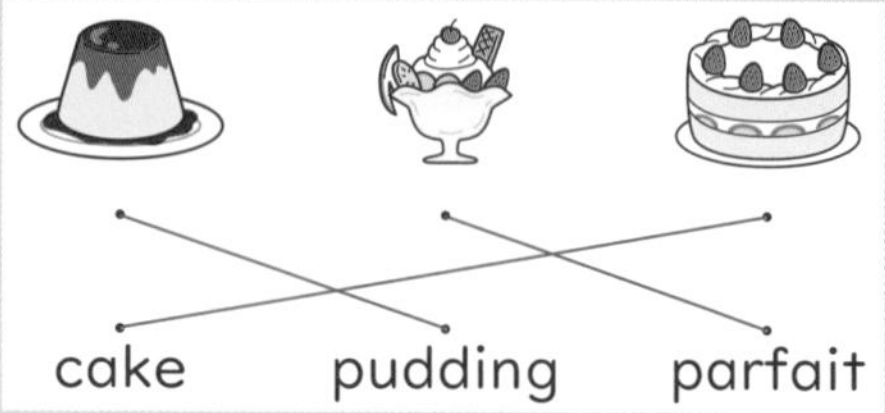

かんがえかた

1 まず，それぞれの英語《えいご》の意味を考えてみましょう。ice cream は「アイスクリーム」，cake は「ケーキ」，pie は「パイ」，parfait は「パフェ」という意味です。

6 日課 15ページ

1 ① イ ② ウ ③ ア

2 ① × ② ○

かんがえかた

1 brush my teeth は「歯をみがく」，get up は「起きる」，go home は「家に帰る」という意味です。

2 go to school は「学校へ行く」，do my homework は「宿題をする」という意味です。

4 説明文《せつめいぶん》を読む　20ページ

(1) **ウ**

(2) 分類して良い

(3) ① 目も口も耳も
② 光

かんがえかた

(1) 植物と動物は「似《に》ても似つかないものどうし」という考えとはことなる内ようが、このあとに続《つづ》きます。

(2) 「つかない」とは、「定まらない」という意味です。

(3) 二つ目のだん落で、植物と動物のちがいがくわしく説明《せつめい》されています。

5 詩を読む　19ページ

(1) 根

(2) **イ**

(3) **イ**

かんがえかた

(1) 股《また》を広げてふんばる様子を想ぞうしてみましょう。

(2) 「今にもどっと噴《ふ》き出る」のですから、ソラマメが大きく成《せい》長《ちょう》して実をつけたことがわかります。

(3) 冬の寒さに耐《た》えつづけたソラマメに、「やっと　君らの春だ！」と語りかけていることから考えましょう。

1 四年生の漢字 23ページ

1

① 満（ち）欠（け）
② 結果
③ 卒業

2

① 養う
② 散らかる
③ 栄える

かんがえかた

1 ①「満《まん》」を使った言葉には「満《まん》月《げつ》」のほかにも、「満足《まんぞく》」「満《まん》点《てん》」などがあります。
② 「原いん」は、物事が起こるもとやわけのことです。「結《けっ》果《か》」は、ある事がらがもとになって起こったことを意味します。

2 たくさんの意味をもつ言葉 22ページ

1

① かける
② とる
③ たてる
④ つく
⑤ ひく

かんがえかた

1 ①「4に3をかける」「洋服をハンガーにかける」などもあります。
② 「虫をとる」「料金《りょうきん》をとる」などもあります。
④ 「耳につく」「位《くらい》につく」などもあります。
⑤ 「くじをひく」「こなにひく」などもあります。

3 物語文を読む 21ページ

(1) あこがれていた
(2) アニメの主人公
(3) **ウ**

かんがえかた

(1) ――線の直後の「葵《あおい》はずっとあこがれていた」に着目します。「ずっとあこがれていた」転校生のイメージがあるので、「転校生になる準備《じゅんび》なら万端《ばんたん》」といっています。
(3) **ア**は「夏休み前」、**イ**は「聞き取りにくかった」が合いません。

5 詩を読む

国語

月　　日

答え 17ページ

●次の詩を読んで、あとの問いに答えましょう。

百日目　　津坂治男《つさかはるお》

芽《め》が出るまでに十三日
本葉がひらくのに　また一週間
そこを虫に食われ
霜《しも》にこごえて
じっと耐《た》えつづけた冬空の下
風に傾《かたむ》いて年が明け
雪をふりはらって少し背《せ》が伸《の》び
寒《かん》のもどりに股《また》をひろげて
きょう　百日目

大地に踏《ふ》んばる
緑の雄々《おお》しさ
いくつにも株《かぶ》分かれして
今にもどっと噴《ふ》き出る姿《すがた》
ソラマメ
やっと　君らの春だ！

詩をうまく読み取るコツはありますか？

まず詩の題名をしっかり頭に入れてから読み始めることが大切なのだ。

(1) ――線「寒《かん》のもどりに股《また》をひろげて」は、ソラマメのどのような様子を表していますか。□にあてはまる漢字一字を書きましょう。

・ソラマメが □ をはって踏《ふ》んばる様子。

(2) 「百日目」とは、どのような日ですか。次から一つ選《えら》び、記号で答えましょう。

ア ソラマメがじっと冬の寒さに耐《た》える日。
イ ソラマメが大きく成長《せいちょう》して実をつけた日。
ウ ソラマメをしゅうかくすることができる日。

（　　）

(3) この詩から読み取れるものを次から一つ選《えら》び、記号で答えましょう。

ア 今はただがまんしてがんばれ。
イ 今こそ努力《どりょく》の成果《せいか》を見せるときである。
ウ 今にきっといいことがある。

（　　）

4 説明《せつめい》文を読む

月　日

答え 17ページ

説明《せつめい》文の読み取りで大切なことは何かな？

つなぎ言葉に注意して読むことだと思います！

●次の文章を読んで、あとの問いに答えましょう。

植物と動物は、どこが違《ちが》うのでしょうか。

そんなこと、聞くまでもありません。動物は動き回りますが、植物は根を張《は》って動きません。植物には目も口も耳もありません。そして、植物は光を浴《あ》びて生きていくことができるのです。

「どこが同じなのですか？」と逆《ぎゃく》に聞きたいくらい、植物と動物とは似《に》ても似つかないものどうしなのです。

［　］、植物と動物とは、まったく別《べつ》の生き物なのでしょうか。

植物と動物とは、まったく異《こと》なる分類《ぶんるい》であるはずなのに、そのどちらに分類して良《よ》いのかわからない生物がいます。ミドリムシです。ミドリムシは最近《さいきん》では、健康《けんこう》食品のユーグレナの名で知られています。

このミドリムシは、植物とも動物ともつかない生き物です。

（稲垣栄洋《いながきひでひろ》「怖《こわ》くて眠《ねむ》れなくなる植物学」）

---

(1) 文章中の［　］にあてはまる言葉を次から一つ選《えら》び、記号で答えましょう。〔　　〕

ア なぜなら　イ しかも　ウ しかし

(2) ――線「植物とも動物ともつかない」とありますが、どういうことですか。次の［　］にあてはまる言葉を、文章中から六字でぬき出しましょう。

・植物、動物のどちらに［　］のかわからないということ。

［　　　　　　］

(3) 動物と植物の大きな違《ちが》いとはどのようなものですか。次の［　］にあてはまる言葉を、文章中から①は六字、②は一字でぬき出しましょう。

・動物は、［①］あって動き回るが、植物はそれらがなく、動かずに［②］を浴《あ》びて生きている。

①［　　　　　　］

②［　］

3 物語文を読む

月　日

答え 18ページ

物語文を読むときのポイントは？

登場人物の気持ちが表れている部分をつかもう！

●次の文章を読んで、あとの問いに答えましょう。

転校生になる準備《じゅんび》なら万端《ばんたん》だった。だって葵《あおい》はずっとあこがれていたのだ。みんなが待っている教室に、すっと現《あらわ》れて可憐《かれん》に挨拶《あいさつ》する転校生に。きっと萌《もえ》ちゃんの存《そん》在《ざい》が大きいからだと思う。半年前、三年生の二学期に転校してきた萌ちゃんは、まるでアニメの主人公だった。夏休み明け。暑さでだらけていた教室は、萌ちゃんが入ってきた瞬間《しゅんかん》、そよ風が吹《ふ》いたみたいになった。

「くぬぎ台小学校から来た、藤原《ふじわら》萌です」

レースのえりがついた紺色《こんいろ》のワンピースを着て、きれいな発音で自己紹介《じこしょうかい》をして、はにかむように笑《わら》った萌ちゃん。まさにこれから、転校生の物語が始まるんじゃないかと葵はわくわくしてしまった。女子は押《お》し黙《だま》ってしまったし、男子は間違《まちが》いなくみんな鼻の下を伸《の》ばしていたと思う。

きっと素敵《すてき》な子なんだろうな。

葵はジーンズのひざをなでながら、萌ちゃんをじっと見つめた。

（まはら三桃《みと》「あたらしい私」）

(1) ――線「転校生になる準備《じゅんび》なら万端《ばんたん》だった」とありますが、なぜですか。□にあてはまる言葉を、文章中から七字でぬき出しましょう。

・かわいらしく挨拶《あいさつ》する転校生に□から。

(2) 葵《あおい》にとって、萌《もえ》ちゃんの第一印象《いんしょう》はどのようなものでしたか。□にあてはまる言葉を、文章中から七字でぬき出しましょう。

・まるで□のようだった。

(3) 文章の内ようにに合うものを次から一つ選び、記号で答えましょう。　〔　　〕

ア 萌《もえ》ちゃんは葵《あおい》のクラスに夏休み前に転校してきた。

イ 萌《もえ》ちゃんの自己紹介《じこしょうかい》は聞き取りにくかった。

ウ 葵《あおい》は萌《もえ》ちゃんのことを素敵《すてき》な子だと予感した。

2 たくさんの意味をもつ言葉

□月□日

答え 18ページ

きのうは、ものすごくあがったなあ。

わたしも、あがった量《りょう》みてびっくりしたよ。

ちょっと待って。二人とも「あがった」って言ってるけど、なんか話が食いちがっているのだ。

え？ ぼくは、きのうのサッカーの試《し》合《あい》で、ものすごくきんちょうしたっていう話だよ。

わたしは、お母さんが、からあげをたくさんあげたって話。

「あがる」にもいろいろあるのだな……。

1 次の各《かく》組《くみ》の文の□に共《きょう》通《つう》して入る言葉を（　）にひらがなで書きましょう。

① めがねを□。電話を□。茶わんが□。

② すもうを□。写真を□。としを□。

③ 家を□。はらを□。足音を□。

④ 席《せき》に□。仕事に□。実力が□。

⑤ かぜを□。ピアノを□。人目を□。

①（　　）　②（　　）

③（　　）　④（　　）

⑤（　　）

1

四年生の漢字

国語

月　日

答え 18ページ

反対の意味の言葉って いろいろあるよね。

反対？ 上から読んでも下から読んでも同じってやつ？ 「わたしまけましたわ」みたいな？

ちがうぞ。それは「回文」！ 反対の意味の言葉とは、「長い」と「短い」、「大きい」と「小さい」のようなものなのだ。

そうだね。反対の意味のほかに、右と左のように組になる言葉もありますよね。

なるほど！ これから気をつけてさがしてみるよ。

---

1 次の□に漢字を書きましょう。

① 月の□《み》ち□《か》け。

② 原いんと□《けっ》□《か》。

③ 入学と□《そつ》□《ぎょう》。

「みちた月」って、「まんげつ」のことだね。

2 次の――線の言葉を、漢字と送りがなで書きましょう。

① 家族をやしなう。（　　）

② つくえの上がちらかる。（　　）

③ 国がさかえる。（　　）

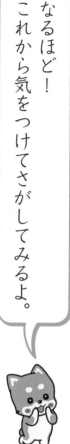

チャ太郎ドリル
夏休み編

ステップアップノート

小学4年生

国語は，ここからはじまるよ！

算数と英語は，反対側《がわ》の
ページからはじまるのだ!

本誌・答え

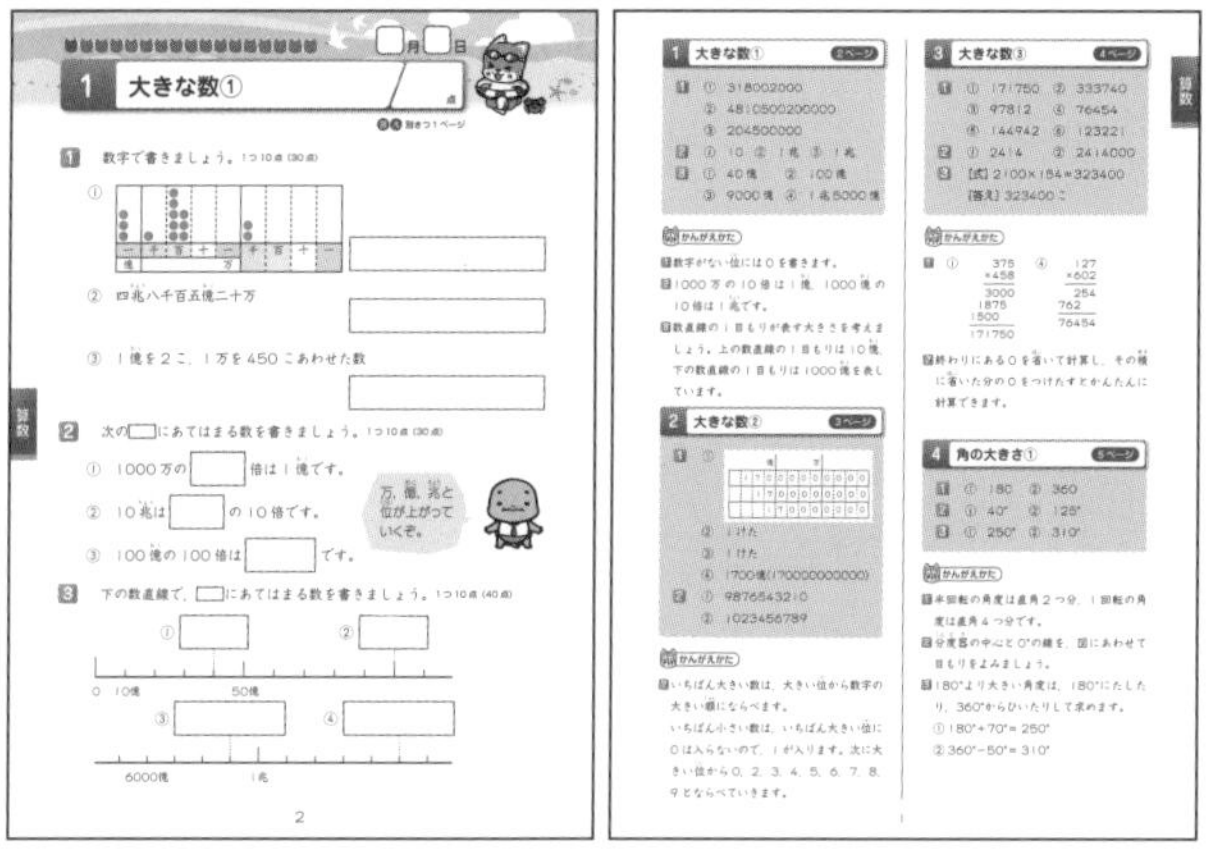

算数は，１学期の確認を14回に分けて行い，最後にまとめ問題を３回分入れています。国語は，１学期の確認を17回に分けて行います。英語は「外国語活動」で役立つ内容を８回に分けて学習し，最後にまとめ問題を３回分入れています。１回分は１ページで，お子様が無理なくやりきることのできる問題数にしています。

ステップアップノート

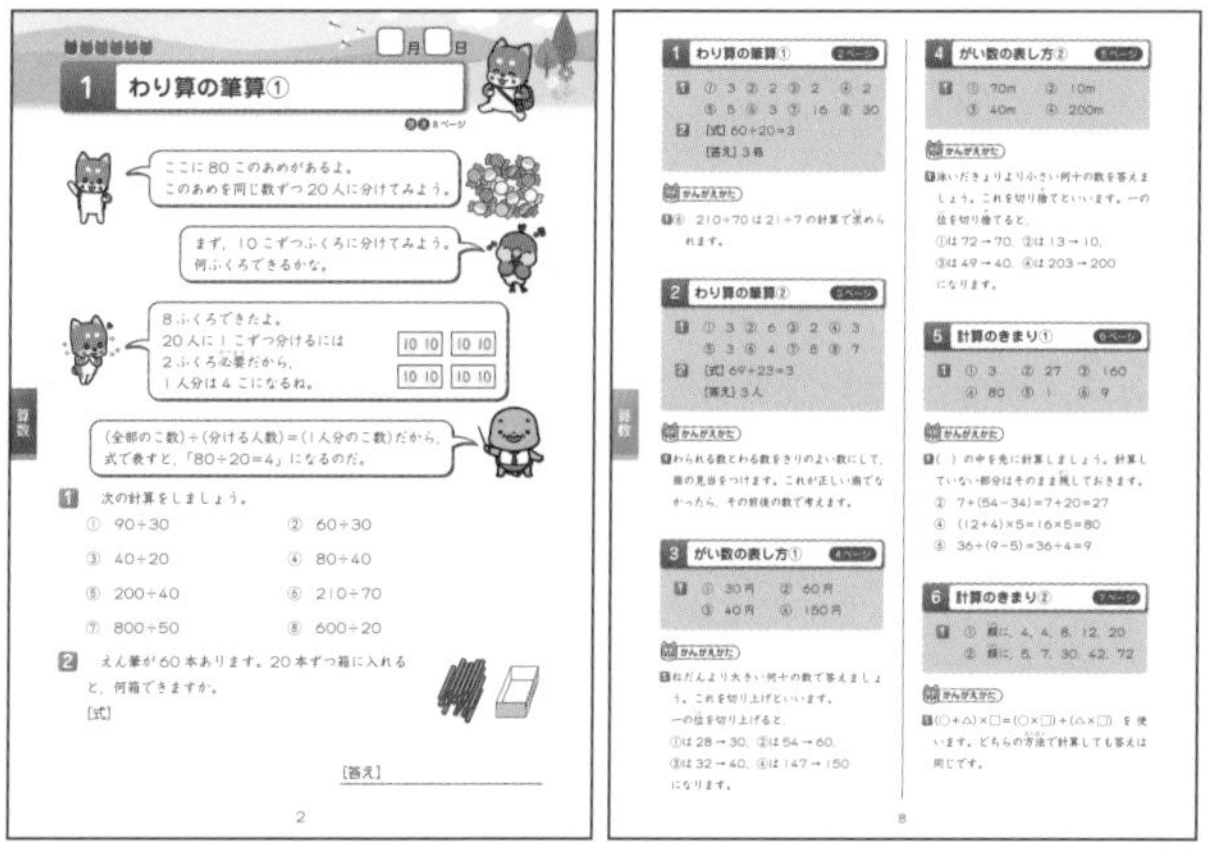

２学期の準備を，算数は６回，国語は５回に分けて行います。英語は「外国語活動」で役立つ内容を６回に分けて学習します。チャ太郎と仲間たちによる楽しい導入で，未習内容でも無理なく取り組めるようにしています。答えは，各教科の最後のページに掲載しています。

特別付録：ポスター「４年生で習う漢字」「英語×12か月」

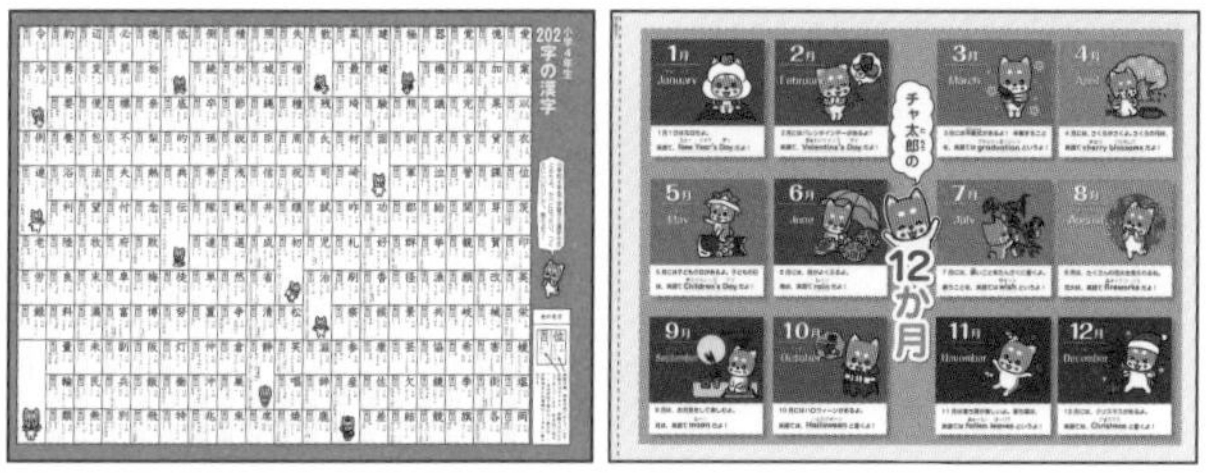

お子様の学習に対する興味・関心を引き出すポスターです。「英語×12か月」のポスターでは，ところどころに英単語を載せ，楽しく英単語を覚えられるようにしています。

本書の使い方

まず，本誌からはじめましょう。本誌の問題をすべて解き終えたら，ステップアップノートに取り組みましょう。

①算数・国語は１日１回分，英語は２日に１回分の問題に取り組むことを目標にしましょう。

②問題を解いたら，答え合わせをしましょう。「かんがえかた」も必ず読んで，理解を深めましょう。

③答え合わせが終わったら，巻末の「わくわくカレンダー」に，シールを貼りましょう。

チャ太郎ドリル　夏休み編　小学４年生
算数・英語

もくじ

算数

英語

国語は
反対側《がわ》のページから
はじまるよ!

チャ太郎《たろう》シール

キョンと
まつじいもいるよ！

ドリルをやったら巻末《かんまつ》の「夏休《なつやす》みわくわくカレンダー」にシールをはりましょう。あまったら自由《じゆう》に使《つか》いましょう。

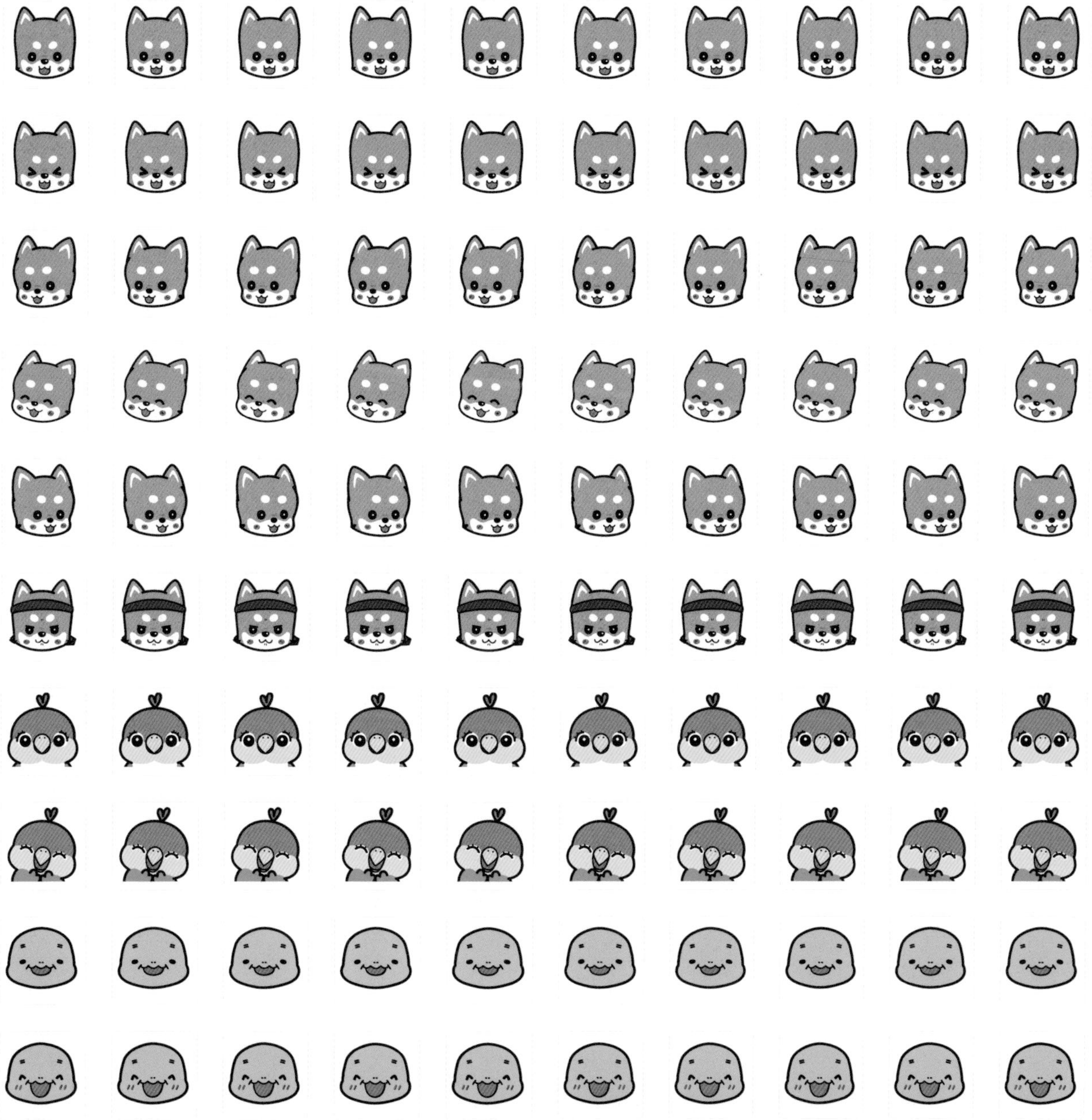

チャ太郎《たろう》

キョン

まつじい

チャ太郎ドリル　夏休み編

小学4年生

算数

月　日

1　大きな数①

点

答え 別さつ1ページ

1　数字で書きましょう。1つ10点（30点）

①

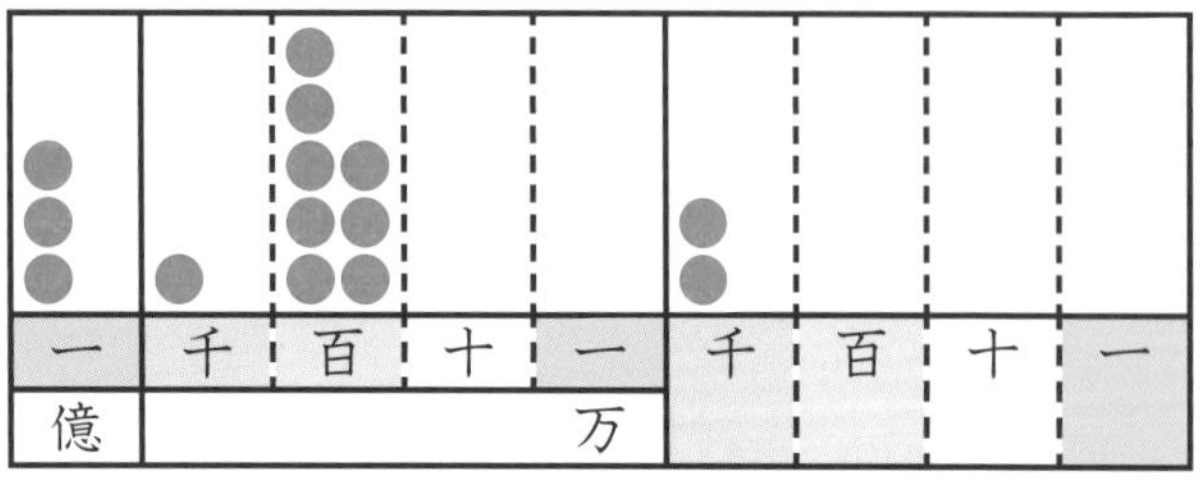
一
千
百
十
一
千
百
十
一
億
万

② 四兆《ちょう》八千百五億《おく》二十万

③ 1億《おく》を2こ，1万を450こあわせた数

2　次の□にあてはまる数を書きましょう。1つ10点（30点）

① 1000万の□倍は1億《おく》です。

② 10兆《ちょう》は□の10倍です。

③ 100億《おく》の100倍は□です。

万，億《おく》，兆《ちょう》と
位《くらい》が上がって
いくぞ。

3　下の数直線で，□にあてはまる数を書きましょう。1つ10点（40点）

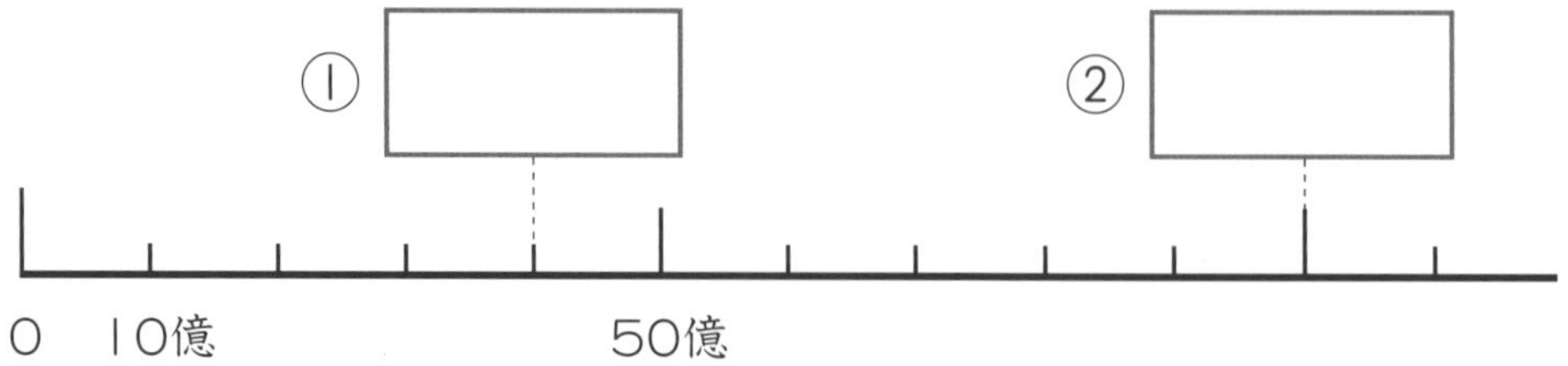
①
②
0
10億
50億

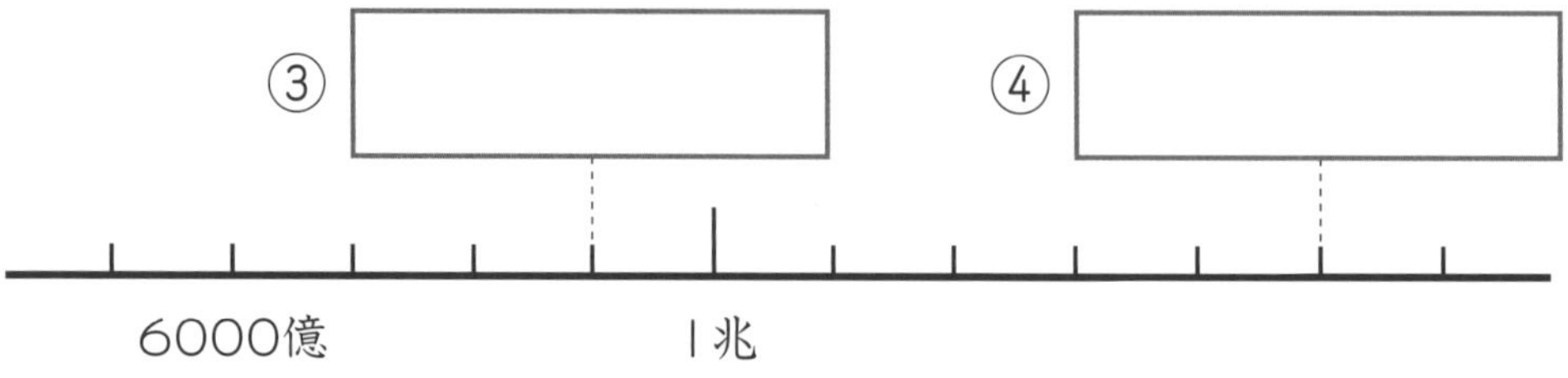
③
④
6000億
1兆

算数

月　日

2 大きな数②

点

答え 別さつ1ページ

1 17億《おく》を10倍した数，$\frac{1}{10}$にした数について考えます。 1つ10点（40点），①完答

① 右の□にあてはまる数を書きましょう。

			億				万				
		1	7	0	0	0	0	0	0	0	0

10倍 ↑　$\frac{1}{10}$ ↓

② 17億《おく》を10倍すると，位《くらい》は何けた上がりますか。

③ 17億《おく》を$\frac{1}{10}$にすると，位《くらい》は何けた下がりますか。

④ 17億《おく》を100倍した数は何になりますか。

2 0から9までのカードを1まいずつすべて使って，10けたの数を作ります。

1つ30点（60点）

0	1	2	3	4
5	6	7	8	9

① いちばん大きい数は何ですか。

② いちばん小さい数は何ですか。

いちばん大きい数は，
左から数の大きい順《じゅん》に
ならべるとできるね。

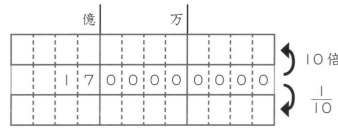

月　日

3 大きな数③

点

答え 別さつ1ページ

1 次の筆算をしましょう。1つ10点（60点）

① 375 × 458

② 740 × 451

③ 418 × 234

④ 127 × 602

⑤ 357 × 406

⑥ 203 × 607

2 3400×710 の計算を考えます。1つ10点（20点）

① 34 × 71 を計算しましょう。

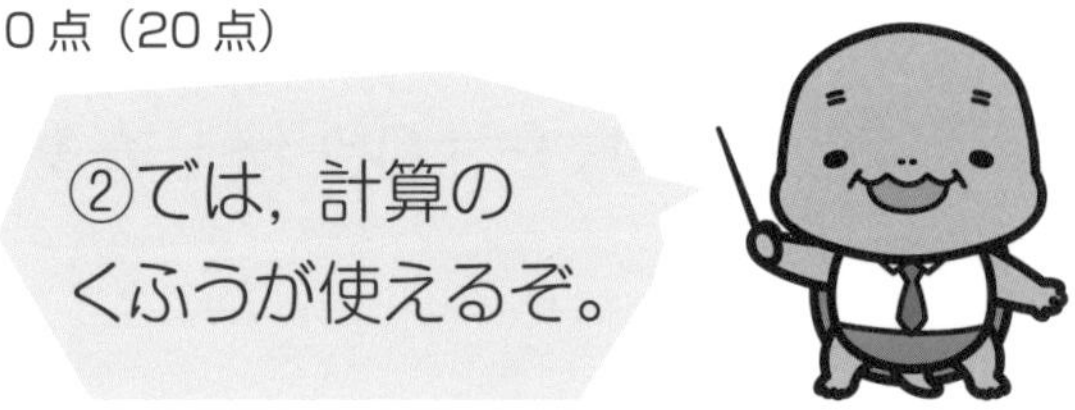

② ①を使って，3400×710 の答えを求《もと》めましょう。

3 1本のひまわりには，2100 この種《たね》があります。ひまわりを 154 本集めると，種《たね》は全部で何こになりますか。式10点，答え10点（20点）

[式]

[答え]

月　日

4 角の大きさ①

点

答え 別さつ1ページ

1 次の□にあてはまる数を書きましょう。1つ10点（20点）

① 半回転の角度…□°

② 1回転の角度…□°

2 分度器《ぶんどき》を使って，次の角度をはかりましょう。1つ20点（40点）

①

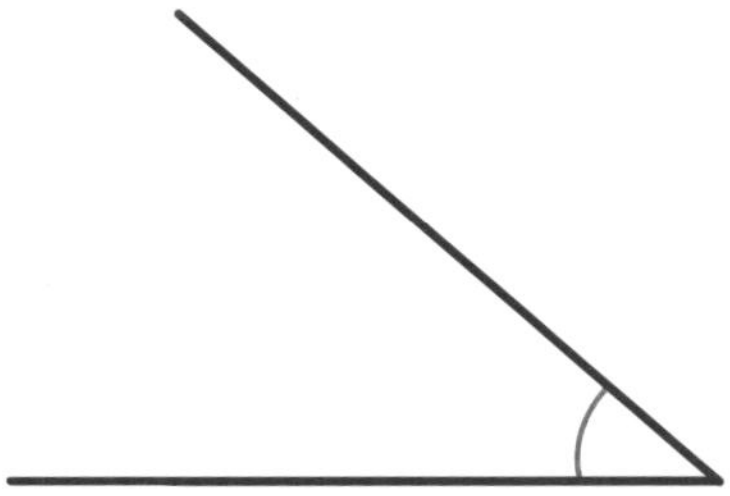

□

②

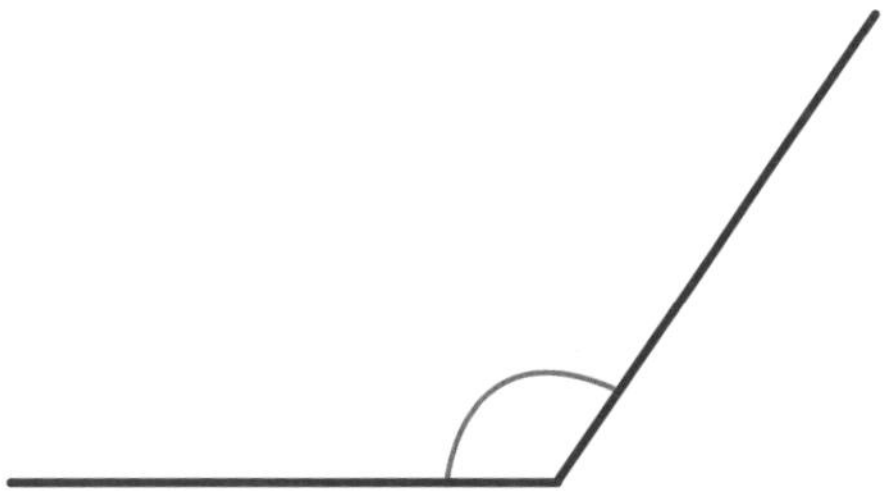

□

3 分度器《ぶんどき》を使って，次の角度をはかりましょう。1つ20点（40点）

①

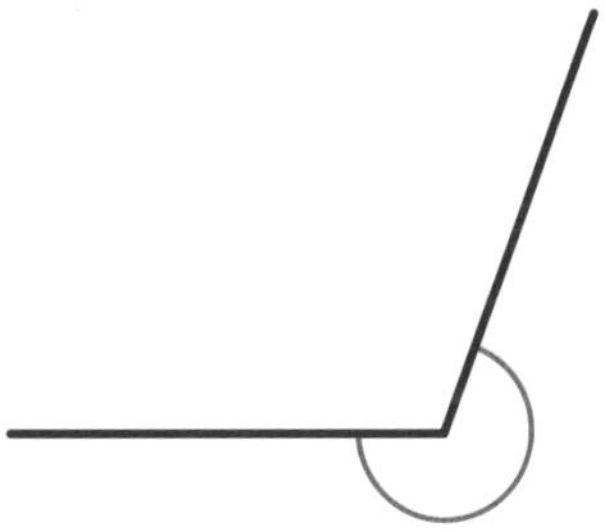

□

②

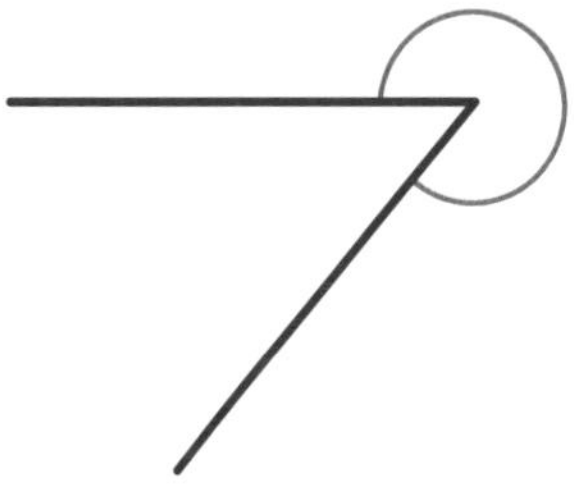

□

算数

5 角の大きさ②

点

答え 別さつ2ページ

1 次の図のような三角形をかきましょう。(40点)

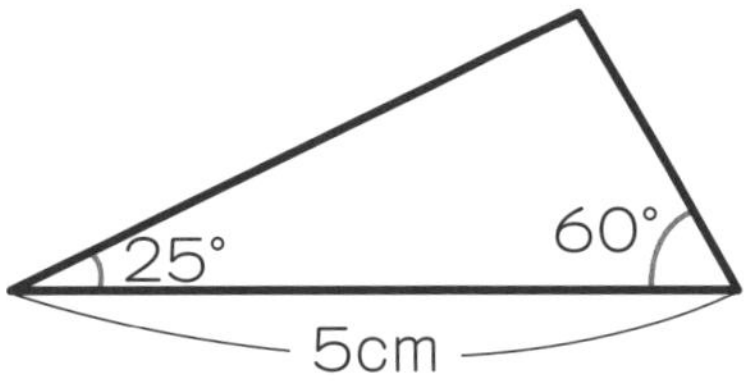

2 次の図は，三角じょうぎを組み合わせてできた図です。角の大きさを求《もと》めましょう。1つ30点 (60点)

①

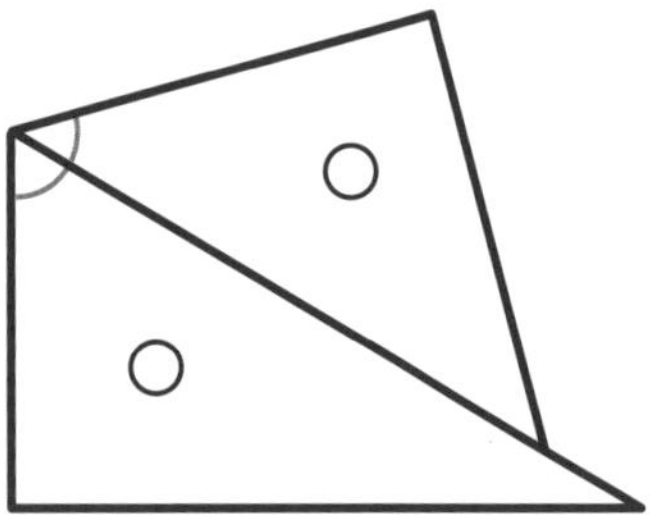

②

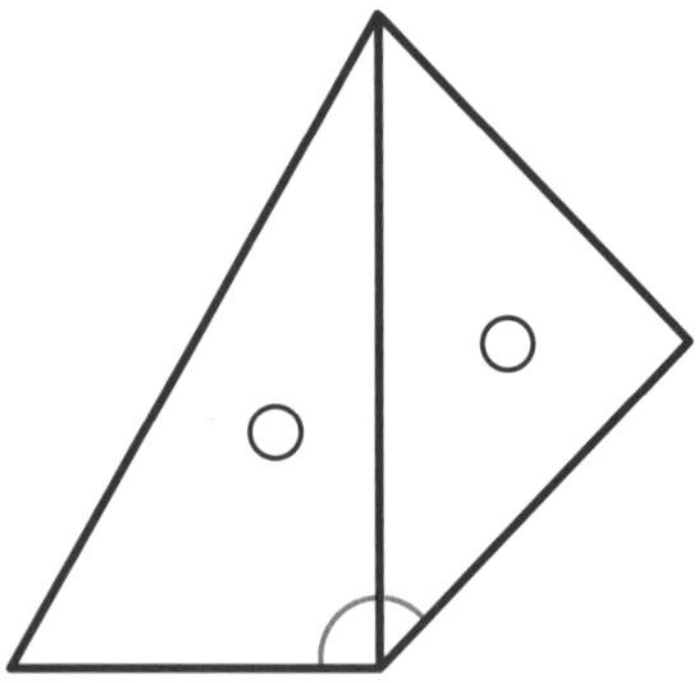

それぞれの三角じょうぎの角の大きさは何度だったかな？

6 折《お》れ線《せん》グラフ①

点

答え 別さつ２ページ

1　次の折《お》れ線《せん》グラフは，ある１日の気温の変化《へんか》を表したものです。この折《お》れ線《せん》グラフを見て，答えましょう。1つ20点（100点），①⑤完答

１日の気温の変化《へんか》（9月3日調べ）

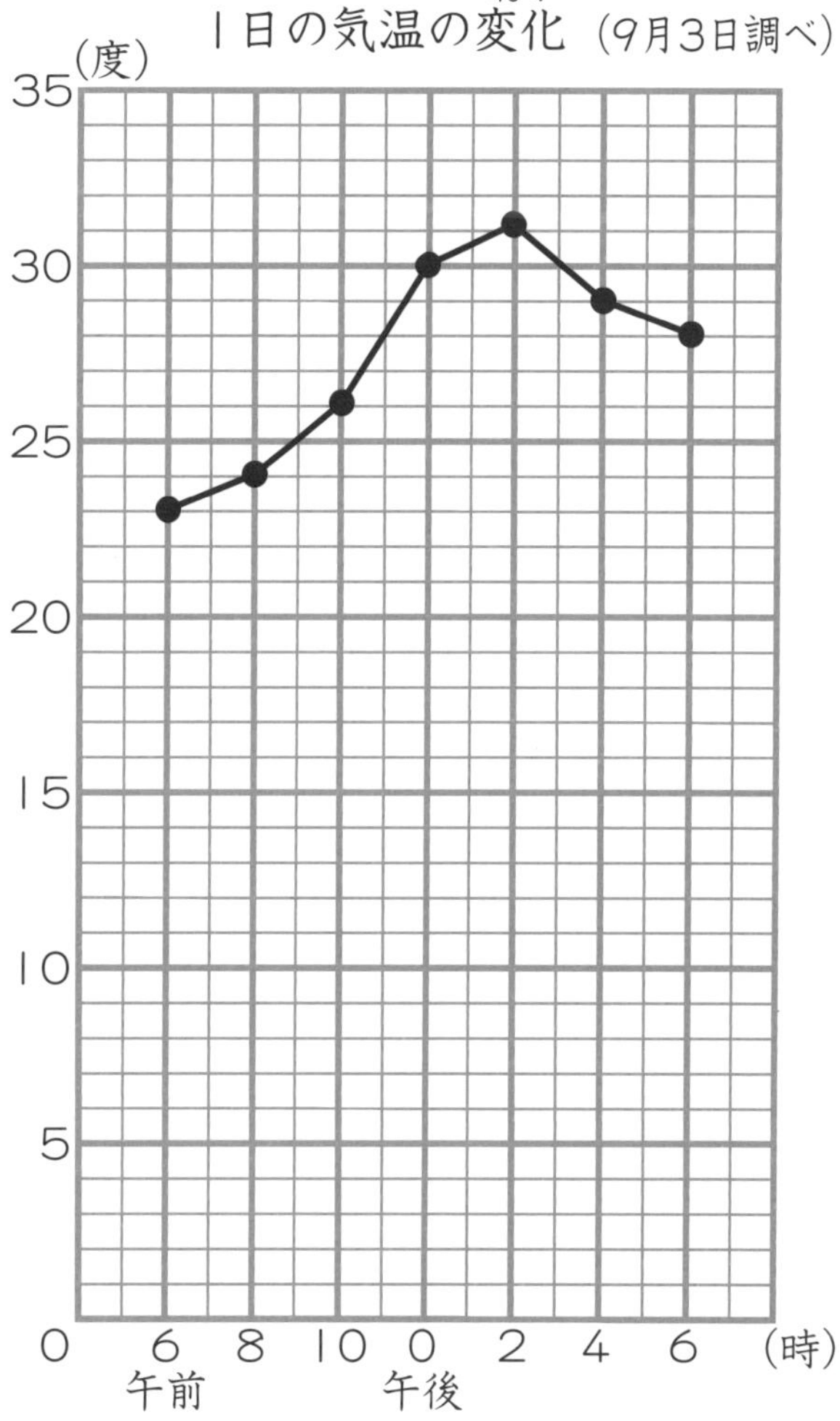

①　たてのじくと横のじくは，それぞれ何を表していますか。

たてのじく…

横のじく　…

②　午前１０時の気温は何度ですか。

③　いちばん気温が高かったのは何時ですか。

④　午後２時から午後４時までの間に，気温は何度下がりましたか。

⑤　気温の上がり方がいちばん大きいのは，何時から何時までの間ですか。

から　　　　までの間

気温の上がり方が大きいときはグラフのかたむき具合が大きくなるよ。

算数

7 折《お》れ線《せん》グラフ②

点

答え 別さつ2ページ

1 たけしさんは，あるパン屋に来たお客の人数を調べました。調べた結果《けっか》の折《お》れ線《せん》グラフを，下のグラフ用紙にかきます。1つ20点（100点），②③④⑤完答

パン屋に来たお客の人数　　（8月1日調べ）

時こく（時）	午前8	9	10	11	午後0	1	2	3	4
人数（人）	2	7	4	5	8	12	5	3	10

① 表題を書きましょう。

② 横に時こくをとり，目もりと単位《たんい》を書きましょう。

③ たてに人数をとり，目もりと単位《たんい》を書きましょう。

④ それぞれの時こくの人数を表す点をうちましょう。

⑤ ④の点をつなぎ，折《お》れ線《せん》グラフを完成《かんせい》させましょう。

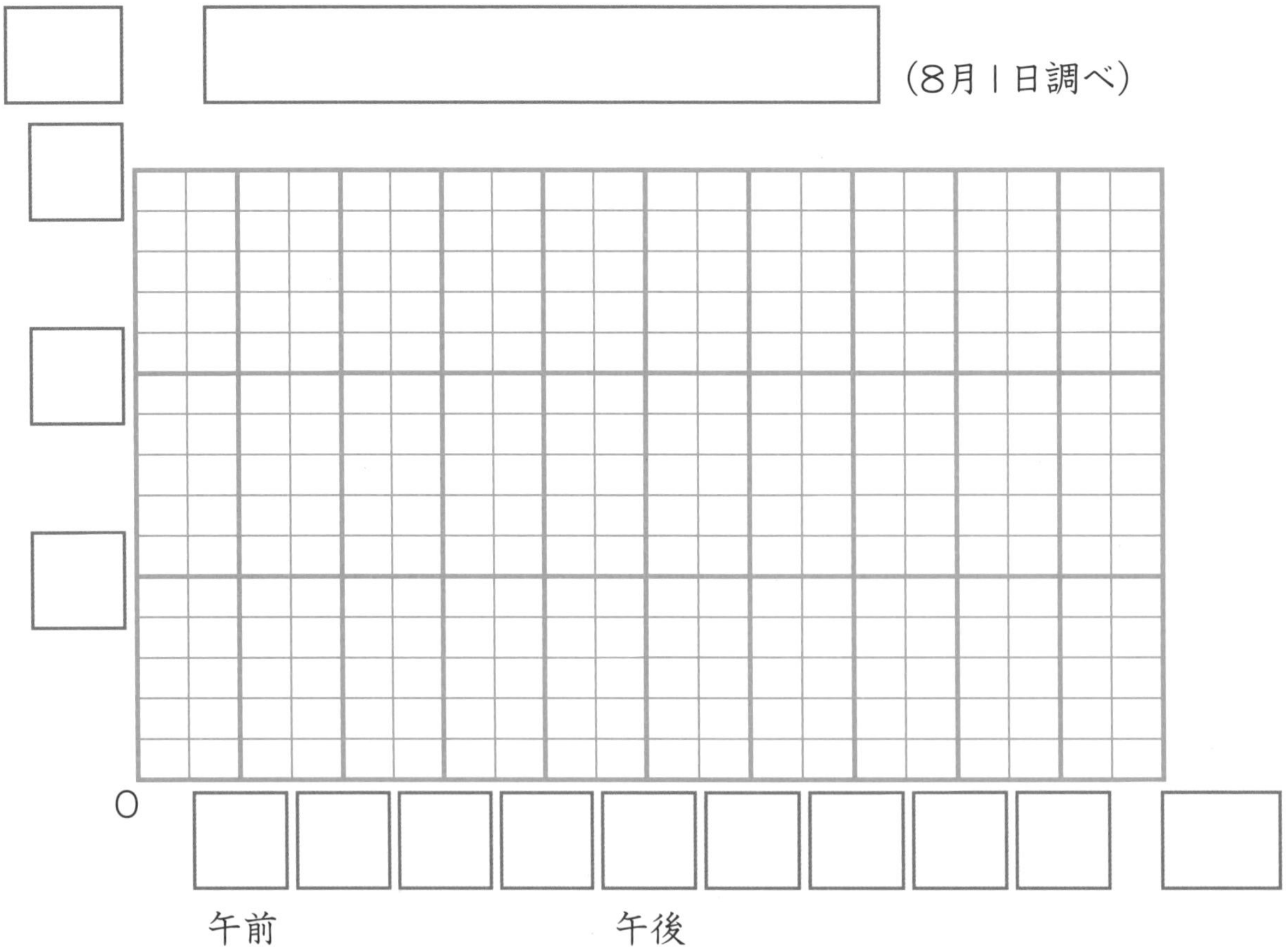

8 何十，何百のわり算

点

答え 別さつ2ページ

1 次の問題があります。

60まいの色紙を3人で同じ数ずつ分けます。1人分は何まいになりますか。

あきらさんは，下の図のように考えました。□にあてはまる数や式を書きましょう。1つ5点（20点）

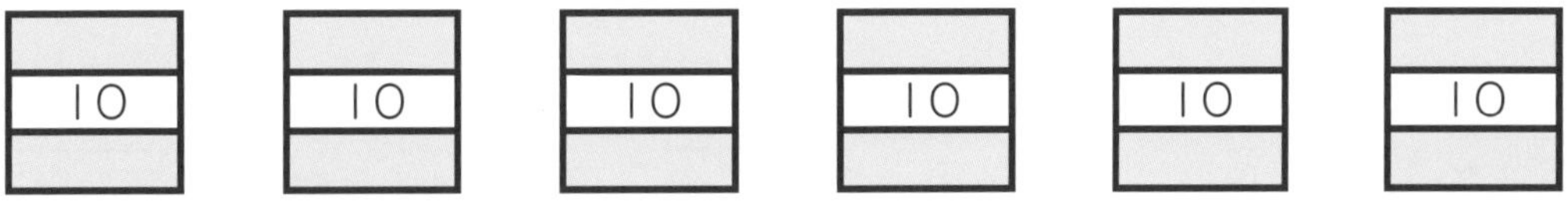

60まいの色紙を，① □ まいずつの6たばにします。

この6たばを3人で分けるので,1人分は② □ たばになります。

よって，1人分は③ □ まいです。

（全部のまい数）÷（分ける人数）＝（1人分のまい数）　なので，式は，

④ □ と表せます。

2 次の計算をしましょう。1つ10点（80点）

① 80÷4　② 240÷6　③ 300÷5

④ 600÷2　⑤ 1800÷9　⑥ 3500÷7

⑦ 2800÷4　⑧ 1000÷5

算数

9 わり算の筆算①

点

答え 別さつ 3 ページ

1 次の筆算をしましょう。1つ10点（90点）

① 3）87　　② 4）76　　③ 6）96

④ 5）65　　⑤ 2）78　　⑥ 7）98

⑦ 4）60　　⑧ 5）70　　⑨ 3）39

2 96cm のリボンがあります。このリボンを８本に等分するとき，１本分の長さは何 cm になりますか。式５点，答え５点（10点）

[式]

[答え]

10 わり算の筆算②

点

答え 別さつ3ページ

1 次の筆算をしましょう。1つ10点（60点）

① $2\overline{)55}$　② $6\overline{)76}$　③ $7\overline{)94}$

④ $5\overline{)54}$　⑤ $4\overline{)71}$　⑥ $3\overline{)85}$

2 「87÷4＝21 あまり３」の計算のたしかめをします。次の□にあてはまる数を書きましょう。1つ5点（20点）

> （わる数）×（商）＋（あまり）を計算すると
>
> □ × □ ＋ □ ＝ □ となり，わられる数と等しくなるので，「87÷4＝21 あまり３」の計算は合っています。

3 90まいのクッキーがあります。８人で同じ数ずつ分けると，１人分は何まいになって，何まいあまりますか。式10点，答え10点（20点），答え完答

[式]

[答え] １人分は□まいになって，□まいあまる。

月　日

11 わり算の筆算③

点

答え 別さつ 3 ページ

1 次の筆算をしましょう。1つ10点（60点）

① $6\overline{)754}$　② $3\overline{)823}$　③ $4\overline{)516}$

④ $5\overline{)607}$　⑤ $2\overline{)854}$　⑥ $6\overline{)853}$

算数

2 417 さつのノートがあります。式 10点，答え 10点（40点），②答え完答

① このノートを３人に同じ数ずつ分けると，１人分は何さつになりますか。

[式]

[答え]

② このノートを４人に同じ数ずつ分けると，１人分は何さつになり，何さつあまりますか。

[式]

[答え]　１人分は☐さつになり，☐さつあまる。

月　日

12 わり算の筆算④

点

答え 別さつ4ページ

1 次の筆算をしましょう。1つ10点（90点）

① 7)542　　② 4)395　　③ 8)416

④ 5)137　　⑤ 9)586　　⑥ 4)247

⑦ 6)364　　⑧ 3)159　　⑨ 9)178

2 469ページの本があります。この本を1週間で読み終えるには，1日に何ページずつ読めばよいですか。式5点，答え5点（10点）

[式]

[答え]

月　日

13 小数①

点

答え 別さつ4ページ

1 次の□にあてはまる数を書きましょう。1つ5点（30点）

① 0.01 を 7 こ集めた数は □ です。

② 0.41 と 0.008 をあわせた数は □ です。

③

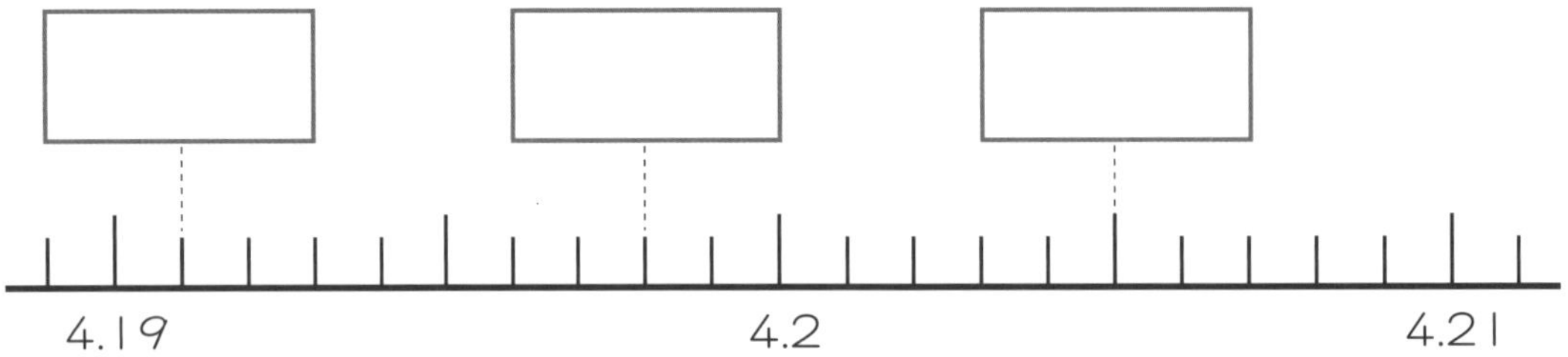
4.19
4.2
4.21

④ 8g は □ kg です。

2 次の□にあてはまる数を書きましょう。1つ10点（70点）

① 1 を 2 こ，0.1 を 9 こ，0.01 を 5 こ，0.001 を 4 こあわせた数は □ です。

② 4.187 の $\frac{1}{100}$ の位《くらい》の数は □ です。

③ 5.12 と 5.124 のうち，大きい数は □ です。

④ 3.54 は 0.01 を □ こあわせた数です。

⑤ 1 は 0.001 の □ 倍です。

⑥ 5.21 を 10 倍した数は □ です。

⑦ 1.67 を $\frac{1}{10}$ にした数は □ です。

$\frac{1}{10}$ の位《くらい》を小数第一位《しょうすうだいいちい》，
$\frac{1}{100}$ の位《くらい》を小数第二位《しょうすうだいにい》
というよ。

14　小数②

点

答え 別さつ 4 ページ

1　次の計算をしましょう。1つ5点（60点）

① 7.43+1.52　　② 1.13+4.78

③ 5.09+0.24　　④ 2.41+0.5

⑤ 6+2.03　　⑥ 2.57+7.43

⑦ 3.14−0.57　　⑧ 5.04−4.61

⑨ 9−2.54　　⑩ 6.72−4.12

⑪ 5.71+1.06−2.84　　⑫ 8−5.35−0.34

2　たろうさん，ひろしさん，まさこさんの身長はそれぞれ，1.42m，1.38m，1.29m です。式10点，答え10点（40点）

① ひろしさんとまさこさんの身長をあわせると，何 m になりますか。

[式]

[答え]

② いちばん大きい人は，いちばん小さい人と何 m ちがいますか。

[式]

[答え]

ちがいをもとめるときは，ひき算を使うぞ。

15 まとめ問題①
大きな数・角の大きさ

□月□日　　点

答え 別さつ4ページ

1 次の□にあてはまる数を数字で書きましょう。1つ10点（40点）

① 1億《おく》を3こ，1万を702こあわせた数は□です。

② 1000億《おく》の10倍は□です。

③ 14兆《ちょう》を $\frac{1}{10}$ にした数は□です。

④ 47×12=564なので，4700×1200=□です。

2 次の筆算をしましょう。1つ10点（30点）

① 461 × 192

② 302 × 485

③ 926 × 773

3 分度器《ぶんどき》を使って，次の角度をはかりましょう。1つ10点（20点）

①

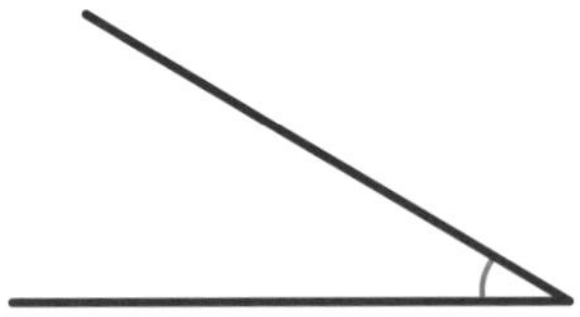

□

②

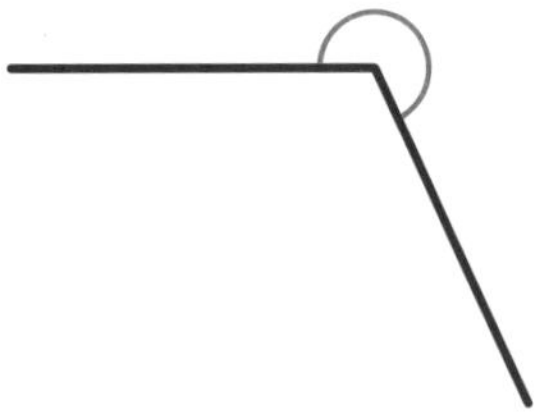

□

4 20°の角を分度器《ぶんどき》を使ってかきましょう。（10点）

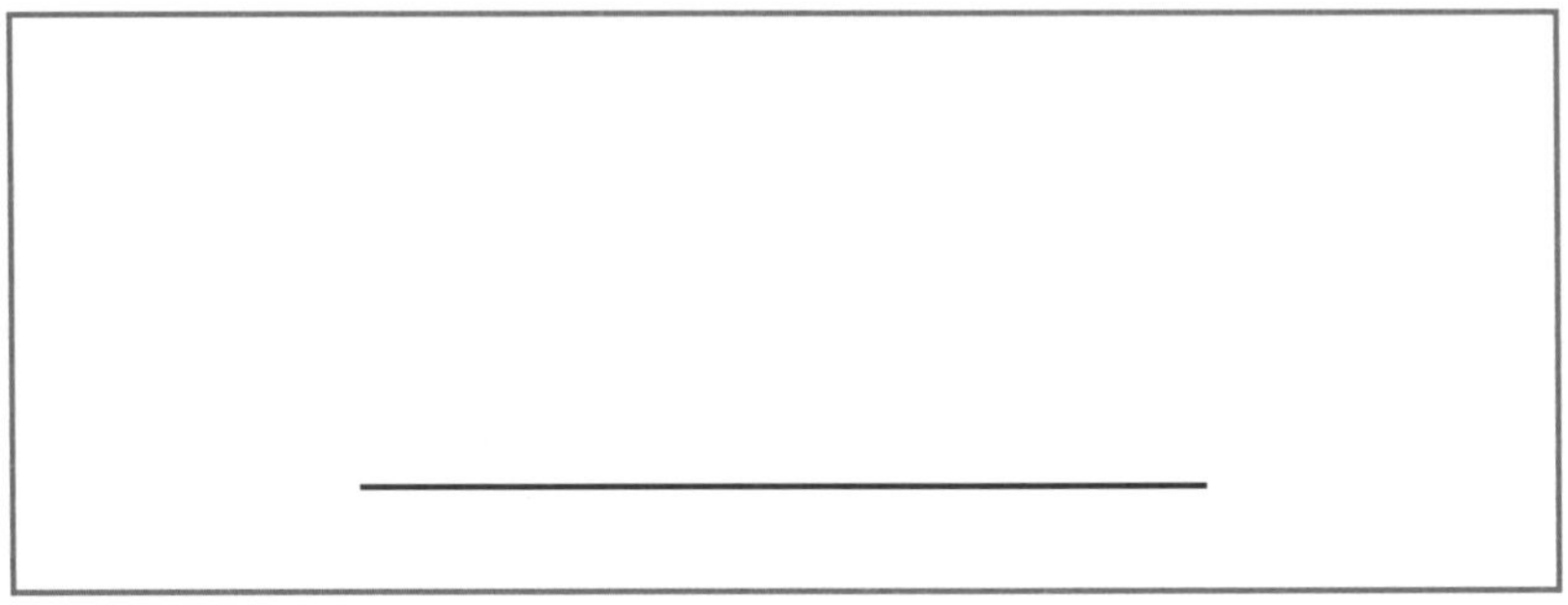

算数

16 まとめ問題②
折れ線グラフ

点

答え 別さつ5ページ

1　次の表と折《お》れ線《せん》グラフは，とおるさんが８月20日に見つけたセミの数を表しています。1つ25点（100点），①②③完答

見つけたセミの数　（８月20日調べ）

時こく（時）	午前８	10	午後０	2	4	6	8
セミの数（ひき）	14		21		8	7	2

① 上の表を完成《かんせい》させましょう。

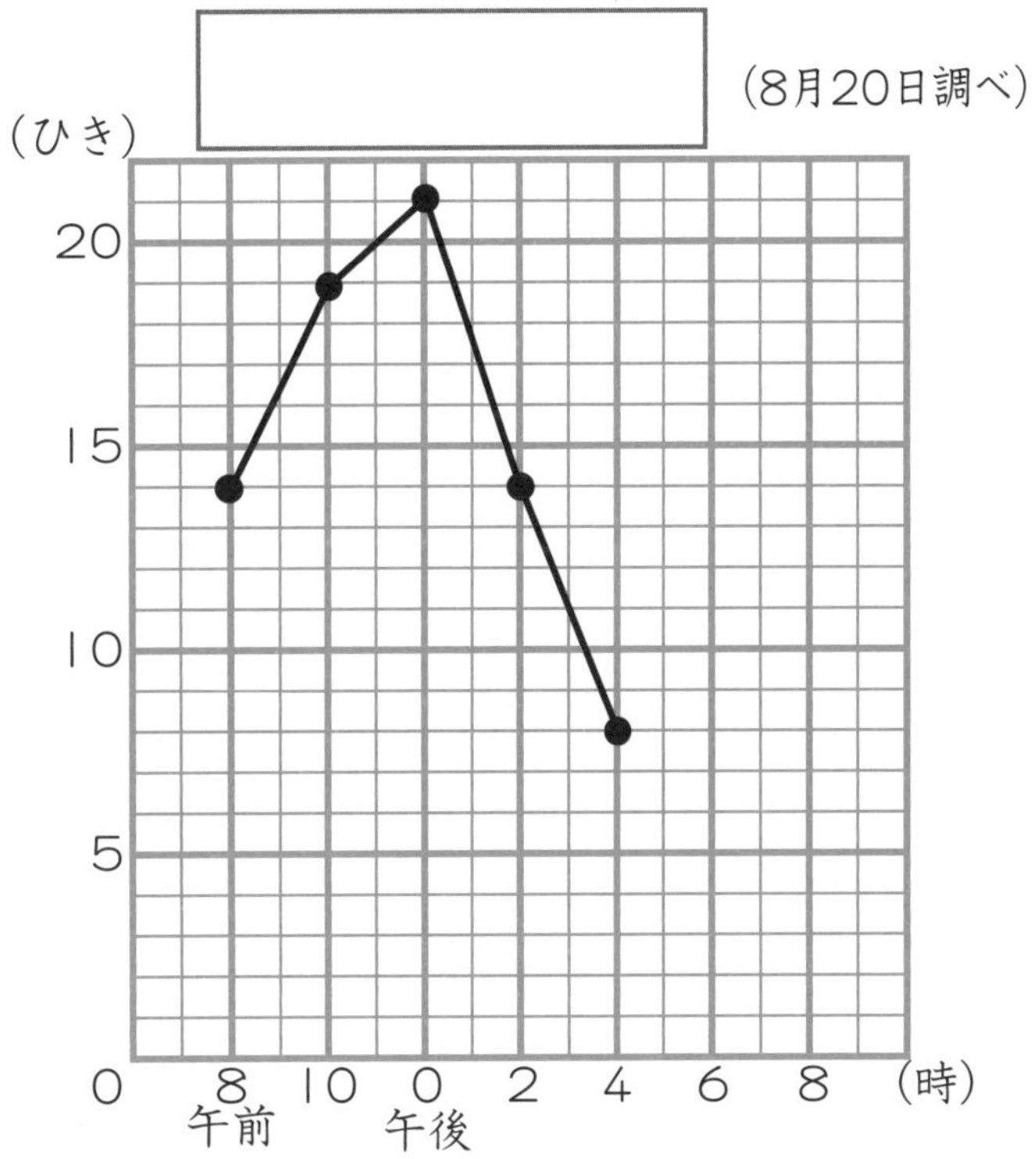

② 右の折《お》れ線《せん》グラフを完成《かんせい》させましょう。

③ 見つけたセミの数の変化《へんか》がいちばん小さいのは，何時から何時までの間ですか。

□から□までの間

④ セミは，午前と午後，どちらの方が見つけやすいといえますか。

□

17 まとめ問題③
何十，何百のわり算・わり算の筆算

点

答え 別さつ5ページ

1 次の計算をしましょう。1つ5点（20点）

① 400÷2　② 800÷5　③ 240÷3　④ 1600÷8

2 次の筆算をしましょう。1つ10点（60点）

① $3\overline{)84}$　② $5\overline{)94}$　③ $7\overline{)89}$

④ $4\overline{)72}$　⑤ $8\overline{)631}$　⑥ $6\overline{)193}$

3 970まいのカードがあります。このカードを4人で同じ数ずつ分けるとき，1人分は何まいになって，何まいあまりますか。

式10点，答え完答で10点（20点）

[式]

あまりはわる
数より小さく
なるぞ。

[答え]　1人分は□まいになって，□まいあまる。

チャ太郎ドリル　夏休み編

小学4年生

英語

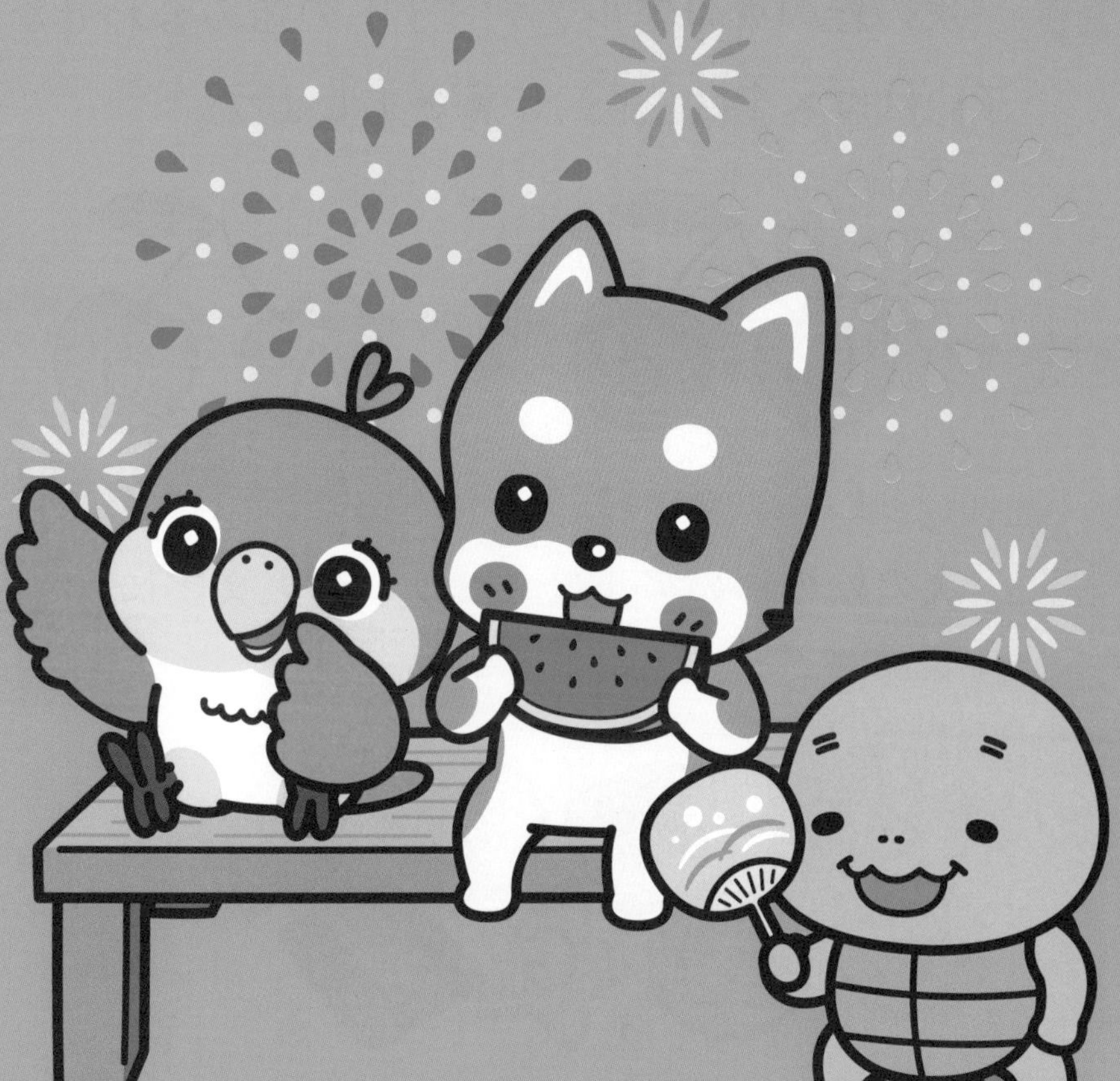

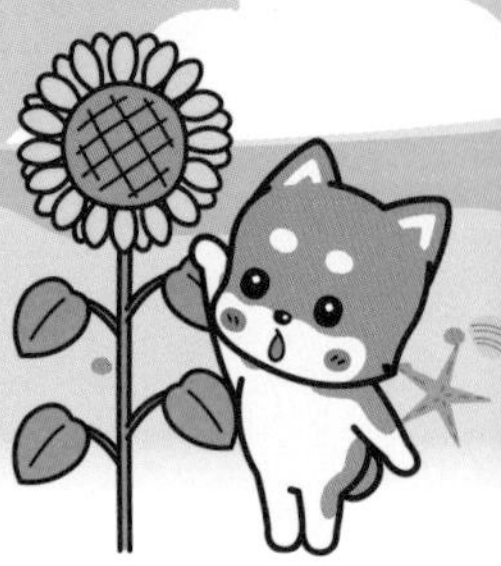

1 アルファベット大文字・小文字①

A～I, a～i

答え 別さつ5ページ

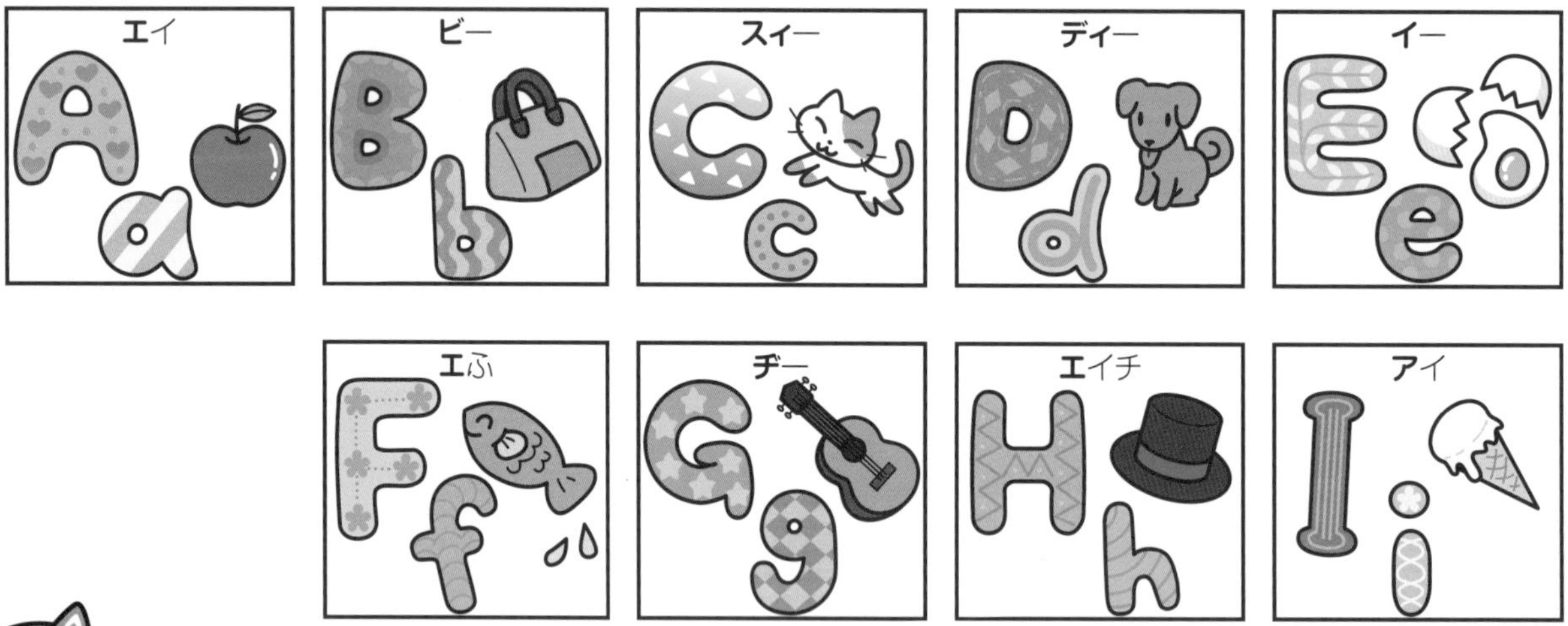

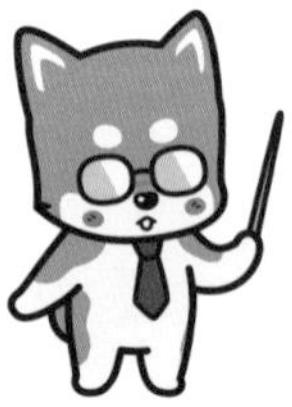

大文字と小文字を組み合わせていっしょに覚《おぼ》えよう！

Let's try!

1　次の絵の中のアルファベットの組み合わせが合っていれば○，ちがっていれば×を（　　）に書きましょう。

①　②　③

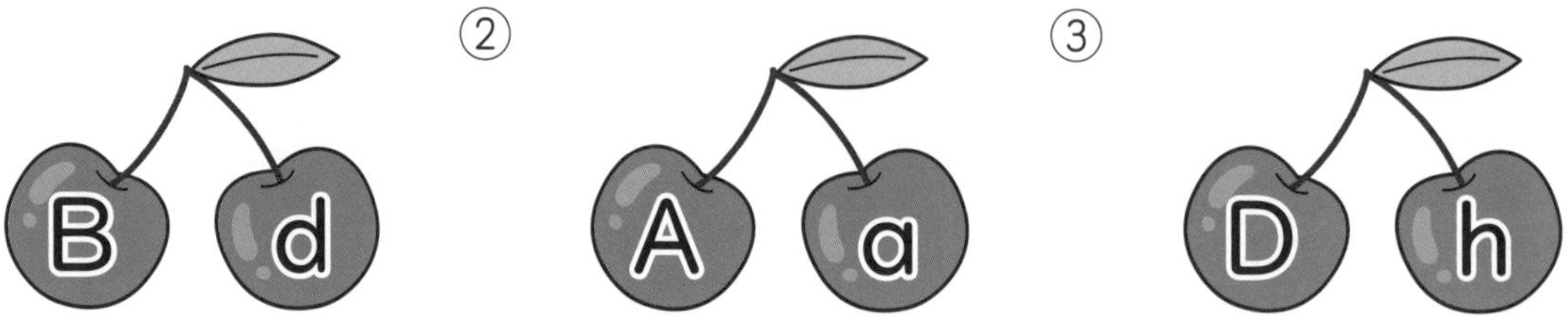

①（　　）　②（　　）　③（　　）

2　次の絵の中のアルファベットの大文字に合う小文字を，（　　）からそれぞれ選《えら》んで○でかこみましょう。

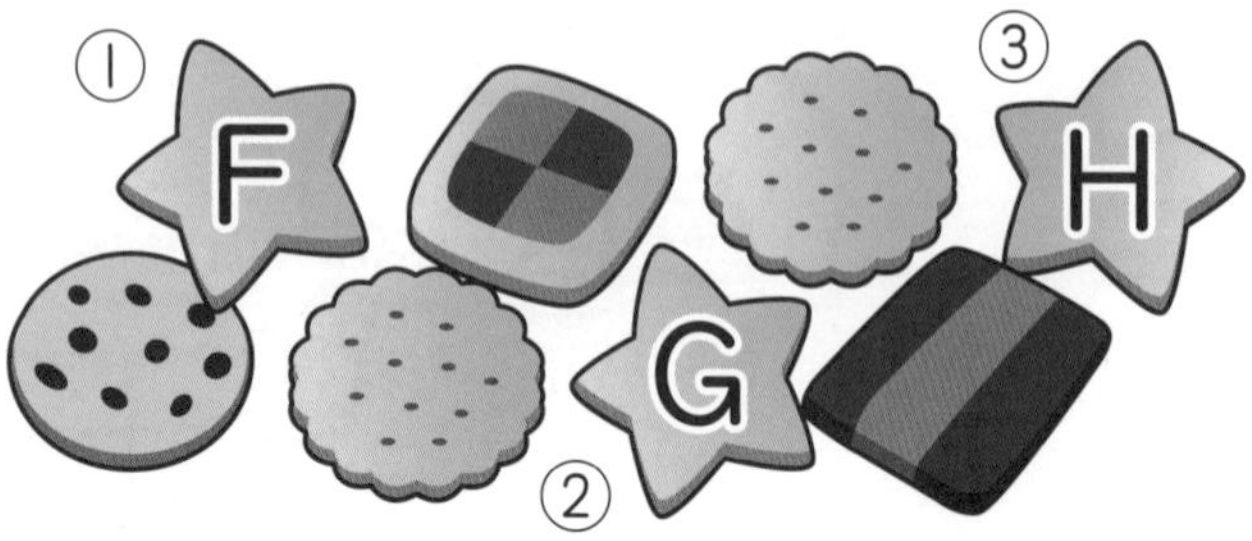

①（ f / b ）
②（ c / g ）
③（ h / i ）

2 アルファベット大文字・小文字②

J~R, j~r

答え 別さつ5ページ

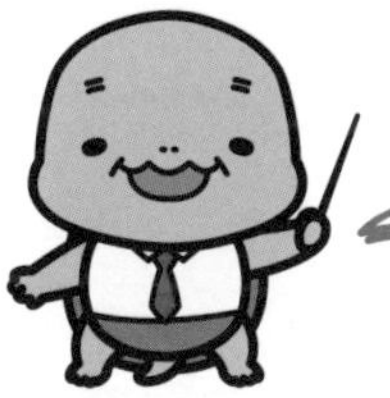

大文字のKと小文字のk，大文字のOと小文字のoはにているけれど，形や大きさが少しちがうぞ。注意するのだ！

Let's try!

1 次のアルファベットの大文字と小文字が正しい組み合わせになるように，線で結《むす》びましょう。

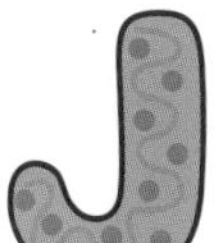  

q　　p　　j

2 次のアルファベットの小文字に合う大文字を○でかこみましょう。

① 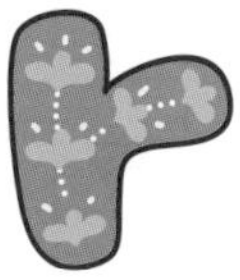 （R / O / L）

② 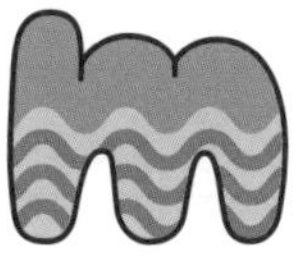 （N / K / M）

月　日

3 アルファベット大文字・小文字③

S〜Z, s〜z

答え 別さつ6ページ

大文字の T とちがって，小文字の t は
上をつきだすことに注意するのだ！

Let's try!

1 次のアルファベットの小文字に合う大文字を選《えら》んで，記号で答えましょう。

① t（　　　）　② y（　　　）　③ u（　　　）

ア Y　　イ T　　ウ U

2 次の表のV〜Z，v〜zの順《じゅん》になっているところを１つずつさがして，○でかこみましょう。

①

T	U	S	V	X
W	S	T	W	Y
S	T	U	X	Z
W	U	W	Y	S
S	Z	V	Z	W

V→W→X→Y→Z
の順《じゅん》だね！
たて，横，ななめで
さがしてね。

②

w	v	y	z	s
s	w	x	y	t
u	x	s	v	u
v	w	x	y	z
s	z	s	t	x

月　日

4 数①

1～6の数を表す英語は何というかな？

答え 別さつ6ページ

one《ワン》 1	two《トゥー》 2	three《すリー》 3
four《ふォーア》 4	five《ふァイヴ》 5	six《スィックス》 6

わたしもいくつか聞いたことがあるよ！

Let's try!

1 次の絵と，絵の中にいる動物の数に合う単語《たんご》を，線で結《むす》びましょう。

three　　five　　four

2 次の単語《たんご》が表す数だけ，絵の中の形をぬりましょう。

① ♡♡♡♡♡♡

six

② ☆☆☆☆☆☆

two

5 数②

7～12の数を表す英語は何というかな？

答え 別さつ6ページ

seven《セヴン》 7	eight《エイト》 8	nine《ナイン》 9
ten《テン》 10	eleven《イれヴン》 11	twelve《トゥウェるヴ》 12

eleven「11」とone「1」はずいぶんちがうな。気をつけるのだぞ！

Let's try!

1 次の絵の中にいる動物の数と下の単語《たんご》が合っていれば○，ちがっていれば×を（　　）に書きましょう。

まず，それぞれの動物の数を数えよう！

① 

seven

（　　　　）

② 

twelve

（　　　　）

2 下の単語《たんご》が表す時こくになるように，時計の中にはりをかきましょう。

① 

eight

② 

eleven

③ 

nine

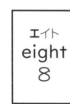

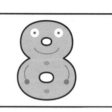

6 天気・気候

天気や気候を表す英語は何というかな？

答え 別さつ6ページ

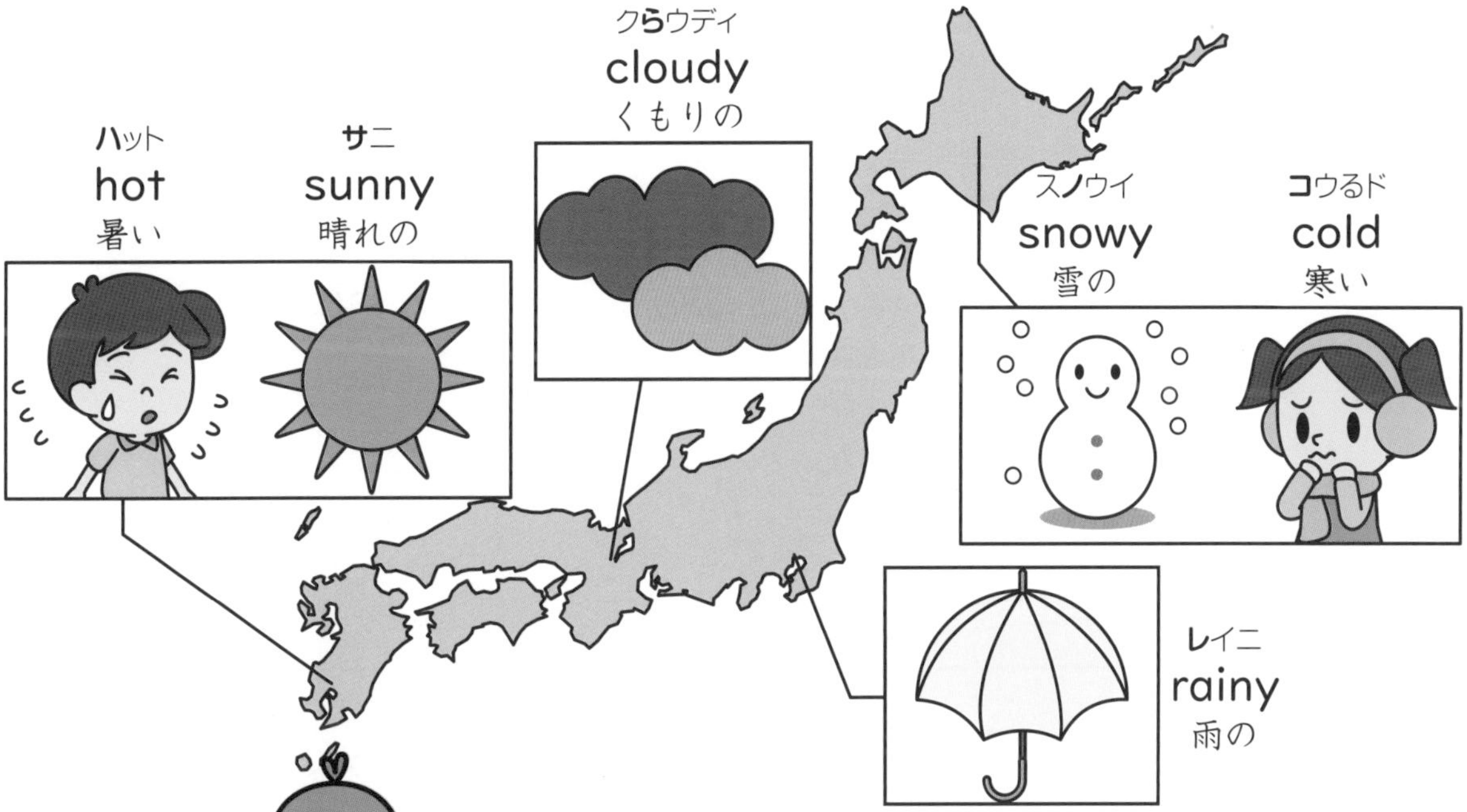
hot《ハット》
暑い
sunny《サニ》
晴れの
cloudy《クらウディ》
くもりの
snowy《スノウイ》
雪の
cold《コウるド》
寒い
rainy《レイニ》
雨の

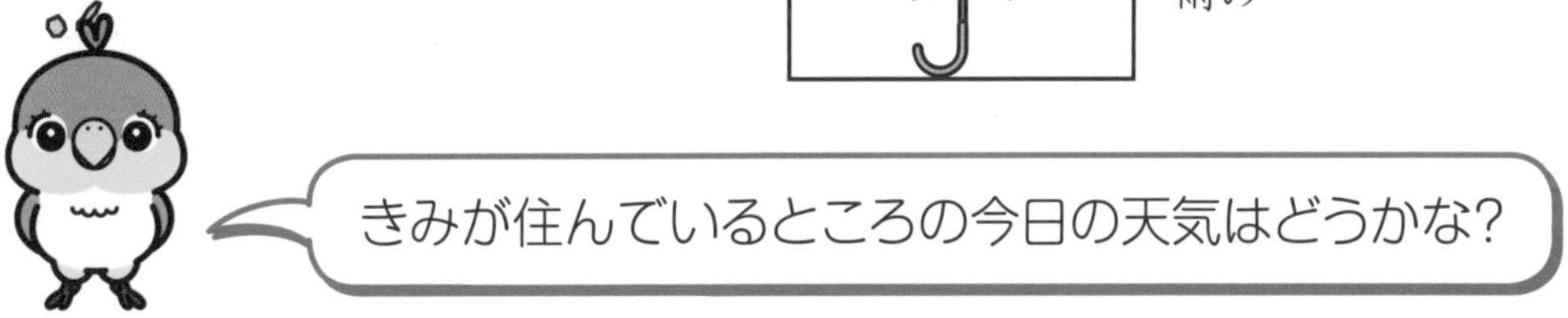
きみが住んでいるところの今日の天気はどうかな?

Let's try!

1 次の単語《たんご》に合う絵を選《えら》んで，記号で答えましょう。

① cloudy　(　　　)　② rainy　(　　　)　③ sunny　(　　　)

ア

イ

ウ

2 次の絵に合う単語《たんご》を○でかこみましょう。

①

(cold / hot)

②

(snowy / sunny)

7 身の回りのもの①

身の回りのものを表す英語は何というかな？

答え 別さつ7ページ

pencil《ペンスる》
えん筆
ruler《ルーら》
じょうぎ
scissors《スィザズ》
はさみ
notebook《ノウトブック》
ノート
eraser《イレイサ》
消しゴム
stapler《ステイプら》
ホッチキス
「ノート」 は notebook というよ！

Let's try!

1 次の絵に合う単語《たんご》を線で結《むす》びましょう。

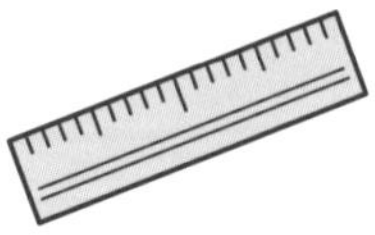
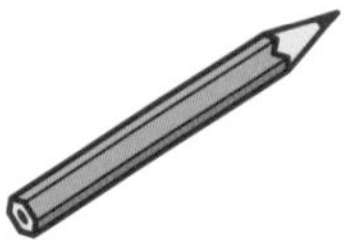
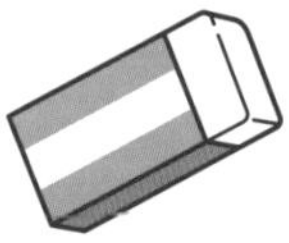

・　　　　・　　　　・

・　　　　・　　　　・

eraser　　　　ruler　　　　pencil

2 次の絵と単語《たんご》が合っていれば○，ちがっていれば×を(　　)に書きましょう。

①

stapler

(　　　　)

②

notebook

(　　　　)

8 身の回りのもの②

身の回りのものを表す英語は何というかな？

答え 別さつ7ページ

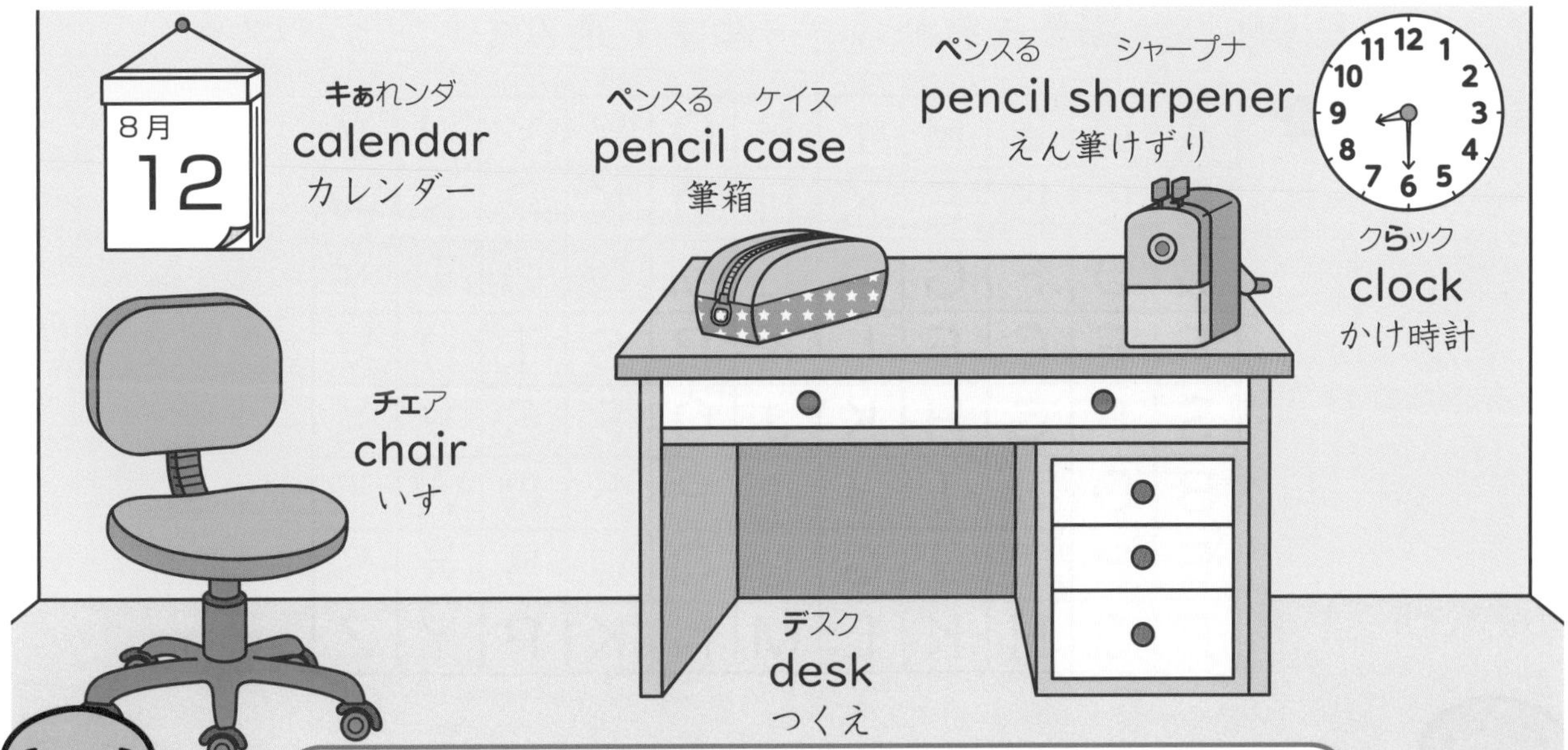
calendar《キあれンダ》
カレンダー
pencil《ペンスる》 case《ケイス》
筆箱
pencil《ペンスる》 sharpener《シャープナ》
えん筆けずり
clock《クらック》
かけ時計
chair《チェア》
いす
desk《デスク》
つくえ

sharpenerは「けずるもの」
という意味だぞ！

Let's try!

1 次の英語《えいご》に合う絵を選《えら》んで，記号で答えましょう。

① pencil case　(　　　　)

② clock　(　　　　)

③ desk　(　　　　)

ア

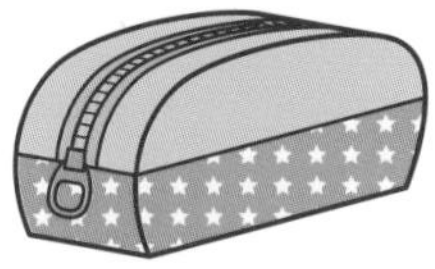

イ

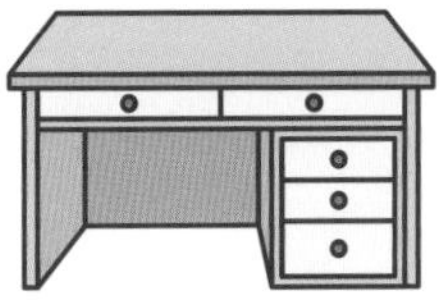

ウ

2 次の絵に合う英語《えいご》を○でかこみましょう。

①

(calendar / clock)

②

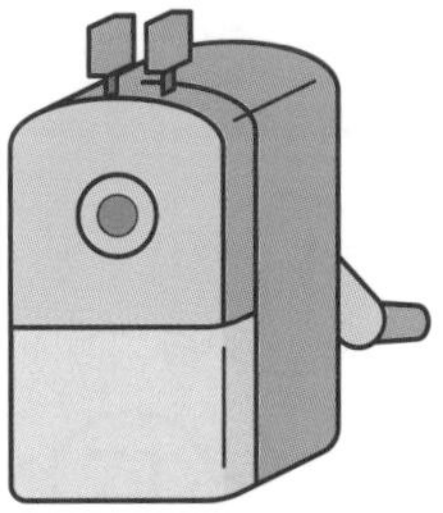

(pencil case / pencil sharpener)

9 まとめ問題①
アルファベット大文字・小文字

点

答え 別さつ7ページ

1 A～Zの順《じゅん》に，スタートからゴールまで進みましょう。(30点)

スタート!

A	D	E	H	I	P	Q	R	Y	U	V
B	C	B	E	K	N	O	K	P	S	W
G	D	F	G	D	L	M	N	O	T	Y
F	E	C	E	L	K	R	S	T	U	V
S	F	G	H	K	J	Q	P	S	V	X
B	D	J	I	J	I	P	S	R	W	T
E	H	I	J	G	L	O	U	S	X	S
F	G	H	K	L	M	N	K	P	Y	Z

ゴール!

アルファベットの順番《じゅんばん》を全部覚《おぼ》えているかな?

2 アルファベット順《じゅん》になるように，次の□に入る文字を○でかこみましょう。1つ10点 (40点)

① A B C □ E F
（G / D / U）

② Q □ S T U V
（N / P / R）

③ g h □ j k
（l / i / n）

④ l m n □ p
（o / q / d）

3 次の絵の中の大文字と小文字を組み合わせると，あまる文字が1つあります。その文字を○でかこみましょう。1つ15点 (30点)

①

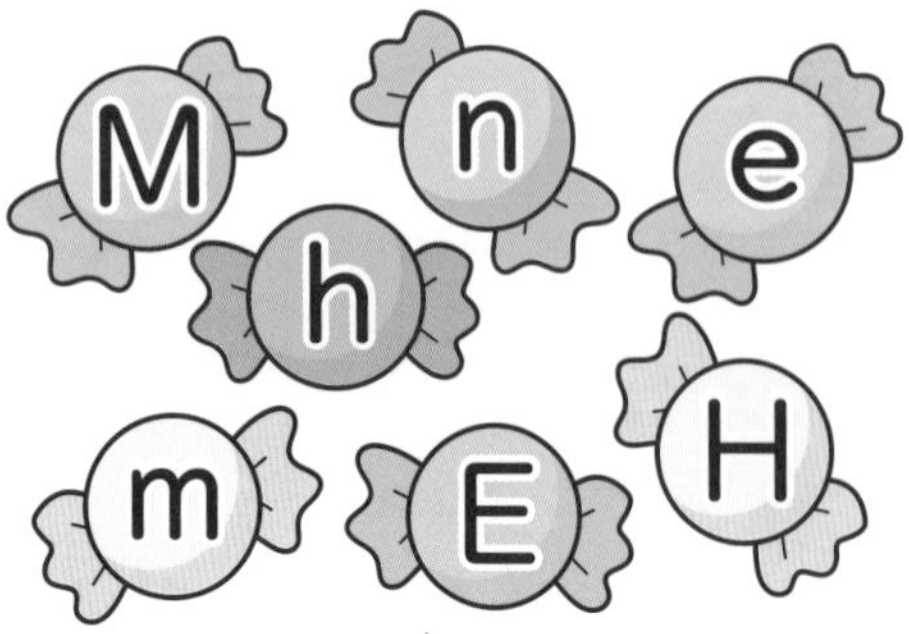

②

月　日

10 まとめ問題②

数,天気・気候

点

答え 別さつ8ページ

1 次の絵が表す時こくに合う単語《たんご》を選《えら》んで，記号で答えましょう。

1つ10点（30点）

①

（　　　　）

②

（　　　　）

③

（　　　　）

ア ten　イ six　ウ seven　エ twelve

2 次の絵の中にいる動物の数と合う単語《たんご》を選《えら》んで，記号で答えましょう。

1つ10点（30点）

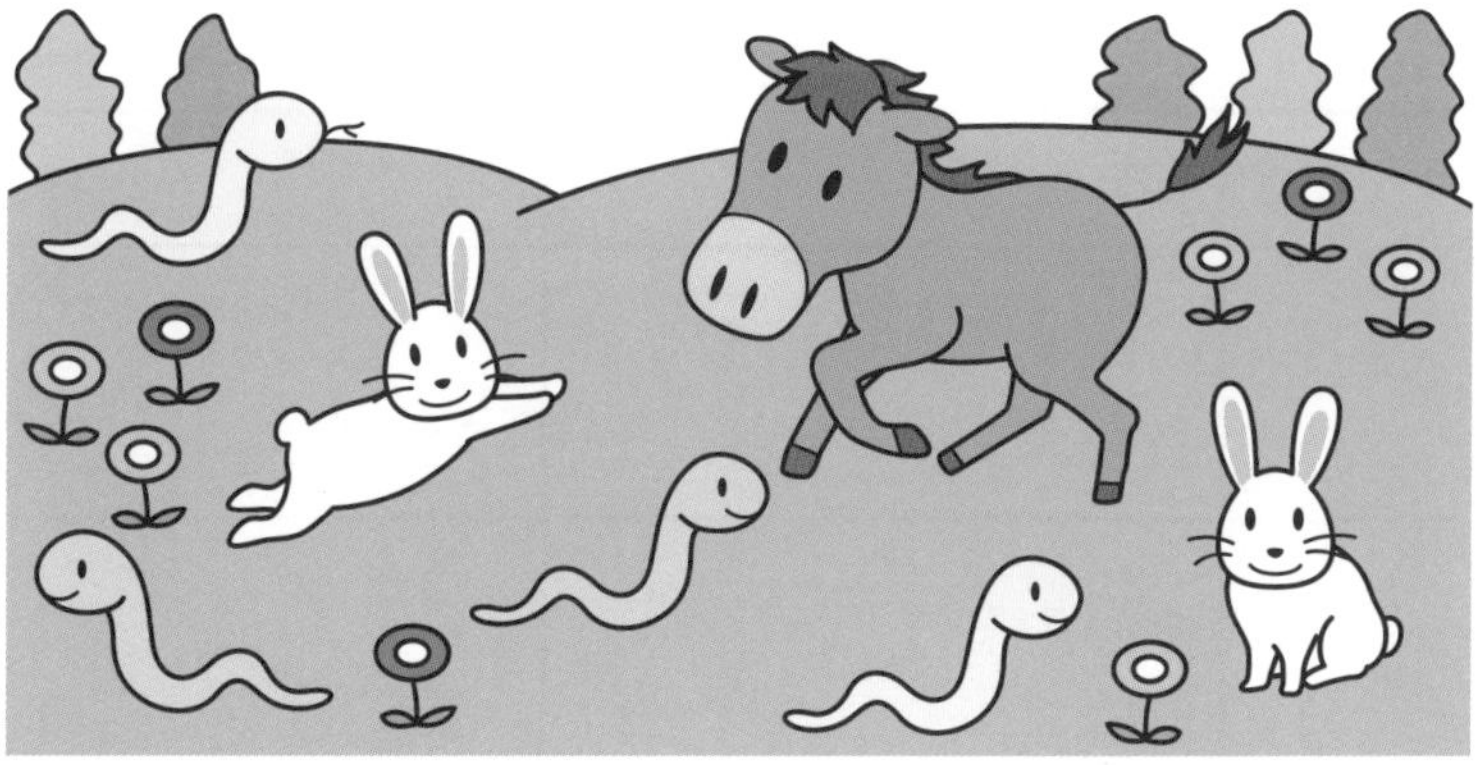

① ウマ
（　　）

② ヘビ
（　　）

③ ウサギ
（　　）

ア three　イ one　ウ two　エ four

3 次の表の中の絵と単語《たんご》が合っていれば○，ちがっていれば×を（　　）に書きましょう。1つ10点（40点）

今日の天気よほう

	さくら市	きた市	みどり市	みなみ市
天気	 sunny ①（　　）	 snowy ②（　　）	 rainy ③（　　）	 cloudy ④（　　）

英語

月　日

11 まとめ問題③
身の回りのもの

点

答え 別さつ8ページ

1 次の絵の中にあるものには○，ないものには×を（　　）に書きましょう。

1つ8点（24点）

① ruler

（　　）

② pencil sharpener

（　　）

③ scissors

（　　）

2 次の表の中の日本語に合う英語《えいご》を下から選《えら》んで，記号で答えましょう。

1つ10点（60点）

	チャ太郎《たろう》	キョン	まつじい
持っているもの	ホッチキス ①（　　）	かけ時計 ②（　　）	ノート ③（　　）
ほしいもの	筆箱 ④（　　）	カレンダー ⑤（　　）	つくえ ⑥（　　）

ア calendar　イ desk　ウ notebook

エ stapler　オ clock　カ pencil case

3 次の単語《たんご》が表すものは，絵の中にいくつありますか。数字を書きましょう。

1つ8点（16点）

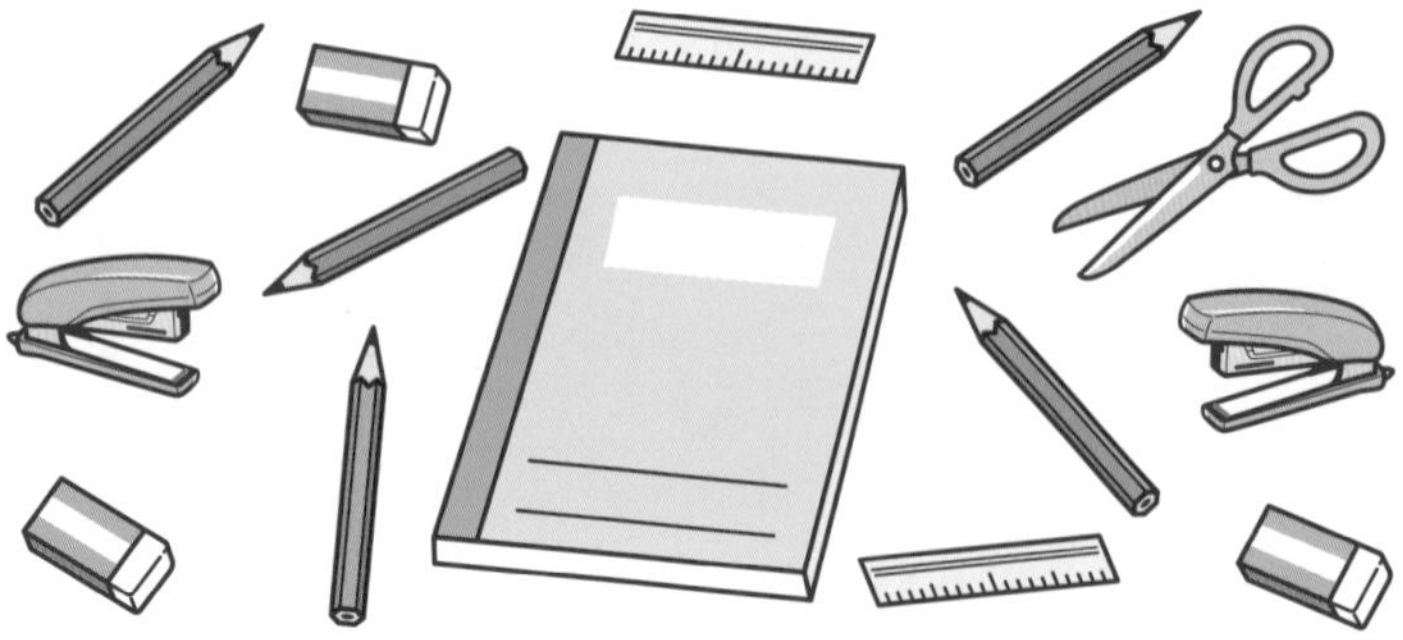

① pencil

（　　）本

② eraser

（　　）こ

英語

月　　日
点
答え 別さつ8ページ

●次の詩を読んで、あとの問いに答えましょう。

芸術品《げいじゅつひん》

いがらしれいこ

農家のおばさんが
トマトを売りにくる
めんどりがたまごをうむように
かすりのまえかけでみがいては
□とりだす
「初《はつ》ものです」
といいながら
えんがわにまるくならべる
「うちのは芸術品だから」
ならべておばさんは
しみじみながめる
なるほど
色もかたちも
ひとつとして
同じトマトはない

作者が言いたいことを想ぞうしながら読むのだ！

(1) □に合う言葉を次から一つ選《えら》び、記号で答えましょう。(30点)

ア いっぺんに　イ ひとつひとつ　ウ すばやく

（　　）

(2) 農家のおばさんの気持ちとして詩から読み取れないものを次から一つ選《えら》び、記号で答えましょう。(30点)

ア 自分の仕事に対するほこらしさ。
イ 自分が育てた野菜《やさい》に対する愛情《あいじょう》。
ウ 野菜《やさい》を高く売りたいという気持ち。

（　　）

(3) この詩が表す「芸術品《げいじゅつひん》」とはどのようなものですか。□にあてはまる言葉を、詩の中から十四字でさがし、初《はじ》めと終わりの三字を書きましょう。(40点、完答《かんとう》)

・□ものはないもの。

□□□～□□□

●次の文章を読んで、あとの問いに答えましょう。

日本の「はし」の古い形は一本の棒《ぼう》でした。それを曲げると、両端《りょうはし》がくっつくから「はし」といいます。はしは、それで食べものをはさむのです。①これに対して、フォークは食べものを突き刺《つさ》します。日本でも石器《せっき》時代はフォークを使っていました。くしのような棒で、食べものを突いていたのです。このくしの両端をとがらせて、はさむようにしたのが②はしで、はしとくしとは語源《ごげん》は同じなのです。西洋では、突き刺すフォークのままで今日《こんにち》にいたっています。

③ものを突き刺して食べるという方《ほう》法《ほう》は、肉食民族《みんぞく》の性格《せいかく》でもありますが、進歩・変化《へんか》がしにくいといえます。はしは食べものをはさんで食べるのですが、なれてくると、どんなものでもはさむことができるのです。

（樋口清之《ひぐちきよゆき》「続《ぞく》・日本人と人情《にんじょう》」）

(1) ——線①「これ」とありますが、「これ」とは何のことですか。次から一つ選《えら》び、記号で答えましょう。（25点）

ア 一本の棒《ぼう》　イ 「はし」　ウ 食べもの

（　　）

(2) ——線②「はし」とありますが、はしの良《よ》いところはどういう点ですか。□にあてはまる言葉を、文章中から①は五字でぬき出し、②は十六字でさがして初《はじ》めの五字をぬき出しましょう。一つ25点（50点）

・使い方に ① と、 ② ようになるところ。

①□□□□□

②□□□□□

(3) ——線③「ものを突き刺して食べる」とありますが、その方法《ほうほう》の特《と》ちょうを文章中から十字でぬき出しましょう。（記号なども字数に数えます。）（25点）

□□□□□□□□□□

15 物語文を読む④

点

月　日

答え 別さつ9ページ

国語

●次の文章を読んで、あとの問いに答えましょう。

〔「ぼく（翼《つばさ》）」は、洋平《ようへい》と博《ひろし》との下校とちゅうで道に落ちているツバメを見つけた。〕

「洋平、ちょっとごめん。かさ持ってて」

ぼくは、①きょとんとしている洋平に、さっとかさをわたした。そして、自由になった両手を、ツバメかもしれない鳥たちに、すーっとのばした。洋平と博が、びっくりした顔でぼくを見た。ぼくも自分でびっくりだ。

だってぼくは、生きものには興味《きょうみ》がなかったから。うちは、おかあさんが生きものぎらいだから、犬や猫《ねこ》はもちろん、金魚でさえ飼《か》ったことはないし、飼いたいと思ったこともなかったんだ。②それなのに。

「翼、それさわるのかよ。きたなくねえ？」

洋平が後ずさる。

「最初《さいしょ》に見つけたのはぼくだからさ。どんなやつらか、ぼくが調べるんだ」

あったかい……。ほわっとしたあたたかさが、手のひらにつたわってくる。

生きてるんだ。

（大島理恵《おおしまりえ》「つばさ」）

(1) ——線①「きょとんとしている洋平《ようへい》」とありますが、このときの洋平《ようへい》の気持ちとしてあてはまるものを次から一つ選《えら》び、記号で答えましょう。（30点）

ア とまどい　イ いかり　ウ よろこび

〔　　〕

(2) ——線②「それなのに」とはどういうことですか。□にあてはまる言葉を、文章中から七字でぬき出しましょう。（40点）

・生きものに□はずなのに、ツバメにさわろうとしていること。

(3) 「ぼく」は、ほわっとしたあたたかさのツバメにふれてどのように思いましたか。文章中から六字でぬき出しましょう。（30点）

説明《せつめい》文を読む③

答え 別さつ9ページ

月　日

点

●次の文章を読んで、あとの問いに答えましょう。

わたしたちのくらしには、住むところ、食べるもののほかに、着るものがなくてはなりません。この3つをまとめて衣食住《いしょくじゅう》といいます。【ア】

着物はやわらかいですね。着物が体の形にうまく合い、体を動かすのに不自由《ふじゆう》がないためには、かたいもので着物をつくることはできません。【イ】

着物は布《ぬの》でできています。そして布は糸からできています。布のきれはしをほぐして、このことをたしかめてみましょう。布はたて糸とよこ糸が組み合わされてできています。一本の糸をとり出してみましょう。ふつう、糸はさらにほぐすことができます。糸をほぐしてできた細長いものがせんい（繊維《せんい》）です。つまり、着物はたくさんのせんいからできているのです。【ウ】

せんいにはいろいろの種類《しゅるい》があります。服やシャツなどについている小さい札《ふだ》に、綿《めん》、絹《きぬ》、羊毛、ナイロン、ポリエステルなどといったせんいの種類が書いてあります。2つ以上《いじょう》の種類のせんいでできた着物もありますね。

（井上祥平《いのうえしょうへい》「かたいもの　やわらかいもの」）

(1) 次の文を文章中にもどすとき、どこにもどすのが良《よ》いですか。文章中の【ア】～【ウ】から一つ選《えら》び、記号で答えましょう。(25点)

『コンクリートや鉄でできた着物はありませんね。』

〔　　〕

(2) ——線の着物と布《ぬの》について、次のようにまとめました。□にあてはまる言葉を文章中からそれぞれぬき出しましょう。一つ25点(50点)

・着物は布《ぬの》からできている。
・布《ぬの》は ① からできている。
・ ① はたくさんの ② からできている。

①

②

(3) 文章の内ように合うものを次から一つ選《えら》び、記号で答えましょう。(25点)

〔　　〕

ア わたしたちのくらしには、衣食住《いしょくじゅう》すべてが必要《ひつよう》だ。

イ たて糸とよこ糸が組み合わさったものが、せんいだ。

ウ 着物は、一種類《しゅるい》のせんいでできているものばかりだ。

13 物語文を読む③

国語

点

月　日

答え 別さつ9ページ

●次の文章を読んで、あとの問いに答えましょう。

〔「わたし」は、チコや光《ひかる》くんとドッジボールの練習をしている。〕

「降参《こうさん》。」

三分もたたないうちに、光くんは両手をあげてぺこぺこ。チコは光くんのかげにかくれて、おびえていた。

「根性《こんじょう》なさすぎー。」

わたしはあきれて、腹《はら》がたって、たかだかと両手をあげている光くんのおなかにドスッとまた強いボールを投げつけた。

光くんは、よける間もなかった。おなかにめりこんだわたしのボールを、ウッとうめいて、しっかり受け止めていた。

（ありゃ。）

すごいまぐれ。わらっちゃいそうになった。

「と、とった。」

光くんは、ボールをだきかかえたまま、信《しん》じられないというように、つぶやいた。

「とったぜ！」

とつぜん、しゃんと胸《むね》をはって、ギラッとするどい目つきになった。

「トリャーッ！」

なんと、わたしにむかってボールを投げつけてきた。

わたしはびっくりしてさっととびのいたんだけど、ボールはとんでもないヘロヘロ球で、五メートルもはなれてないのに、わたしのところまでとどかなかった。

（後藤竜二《ごとうりゅうじ》「ひかる！　本気〈マジ〉。負けない！」）

(1) 光《ひかる》くんがボールを受け止めたときの様子を説明《せつめい》した次の文の□にあてはまる言葉を、文章中からそれぞれ三字でぬき出しましょう。　一つ30点（60点）

・光《ひかる》くんは「①」と言ってよろこんでいるが、わたしは②だと思っている。

①

②

(2) 光《ひかる》くんはどのような人物ですか。あてはまるものを次から一つ選《えら》び、記号で答えましょう。（40点）

ア　あらそいは好《この》まず、こわい相手からひたすらにげる。

イ　運動は苦手だが、ちょう戦《せん》する勇気《ゆうき》はもっている。

ウ　自分には運動のセンスがあると自信《じしん》をもっている。

〔　　〕

12 つなぎ言葉

点

月　日

答え 別さつ10ページ

1 次の文のつなぎ言葉に ―― を引きましょう。 一つ8点（16点）

① 昼ご飯《はん》を食べた。そして、野球の練習に行った。

② 雨がふってきた。そのため、試合《しあい》は中止になった。

2 次の ―― のつなぎ言葉と同じはたらきのものを［　］から一つずつ選《えら》び、記号で答えましょう。 一つ8点（24点）

① よく晴れていますね。さて、練習を始めようか。（　　）

② 雨がふってきた。それでも、試合《しあい》は続《つづ》けられた。（　　）

③ この子は母の妹のむすめ、要《よう》するに、わたしのいとこです。（　　）

［ **ア** けれども　**イ** つまり　**ウ** あるいは　**エ** では ］

3 次の文の□に合うつなぎ言葉を［　］から一つずつ選《えら》び、書きましょう。 一つ15点（60点）

① Tシャツの色は、白□黒から選《えら》べます。

② 一生けん命勉強した。□、百点がとれた。

③ 一生けん命勉強した。□、九十点しかとれなかった。

④ 百点がとれた。□、一生けん命勉強したからだ。

［ または　ところで　しかし　だから　なぜなら ］

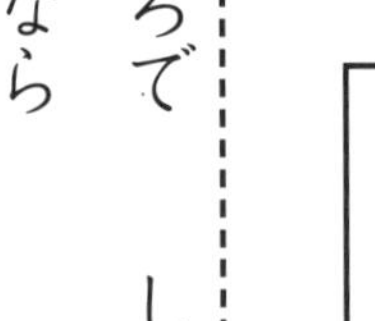

あとに予想外の内ようがくるときは、「しかし」を使うのだ。

国語

11 四年生の漢字③

点

月　日

答え 別さつ10ページ

国語

1 次の――線の漢字の読みを（　）に書きましょう。　一つ5点（40点）

①（　　）
宮城県では、七夕《たなばた》まつりが有名だ。

②（　　）
茨城県は、ほしいもの生産《せいさん》が日本一だ。

③（　　）
栃木県は、かんぴょうの生産《せいさん》がさかんだ。

④（　　）
ささだんごは、新潟県の名物だ。

⑤（　　）
岐阜県には、世界遺産《いさん》がある。

⑥（　　）
滋賀県には、日本一大きな湖がある。

⑦（　　）
愛媛県は、小説《しょうせつ》『坊《ぼ》っちゃん』のぶたいだ。

⑧ 桜島《さくらじま》は、（　　）鹿児島県にある。

地いきの特色《とくしょく》もいっしょに覚《おぼ》えちゃおう。

2 次の□に漢字を書きましょう。　一つ10点（60点）

① □□□《ほっかいどう》の雪まつりに行く。

② □□《ちば》県は落花生《らっかせい》の産地《さんち》だ。

③ □□《なら》県でしかと遊ぶ。

④ うどんを食べに□□《かがわ》県へ行く。

⑤ □□《ふくおか》県で野球を見る。

⑥ □□《くまもと》県で阿蘇山《あそさん》に登る。

月　日

点

答え 別さつ10ページ

●次の詩を読んで、あとの問いに答えましょう。

ごめんなさい　　間中《まなか》ケイ子

「ごめんなさい」が言えない日
机《つくえ》の下にもぐって
消えてなくなってしまいたい
塩《しお》ひとつまみ
パラパラとかけられて
ナメクジみたいに
とけてしまいたい

心の中で
①げんこつが
ゴツンゴツンなぐるから
胸《むね》がでこぼこはちきれそう
涙《なみだ》が
ふいても　ふいても
とまらない

だれか
「　②　」を
言わせてください

(1) ――線①「げんこつ」は、何をたとえたものですか。次から一つ選《えら》び、記号で答えましょう。(30点)

ア　しかられたときのいたみ。
イ　必死《ひっし》にこらえる気持ち。
ウ　自分をせめる気持ち。

（　　）

(2) 「　②　」に入る言葉を、詩の中からぬき出しましょう。(40点)

（　　）

(3) この詩にはどのような気持ちがえがかれていますか。次から一つ選《えら》び、記号で答えましょう。(30点)

ア　きびしくしかられて悲しくてしかたない気持ち。
イ　言葉が出てこない自分がいやでたまらない気持ち。
ウ　友達《ともだち》をうまくささえないもどかしい気持ち。

（　　）

9 説明《せつめい》文を読む②

国語

月　日

点

答え 別さつ10ページ

●次の文章を読んで、あとの問いに答えましょう。

いろいろな言葉を知っているほど、つまり語彙《ごい》＊が多いほど、①相手が喜《よろこ》ぶようなコメントを的確《てきかく》に口にすることができます。何を見ても、何を聞いても、「すごいね」「かわいいね」「いいね」「やばくない？」だけですませていたら、語彙は増《ふ》えません。

こうした言葉を②禁《きん》じ手にすることも、語彙を増やす一つの方法《ほうほう》です。「かわいい」と言いそうになったら、それを違《ちが》う言葉で言い換《か》えてみるのです。

ひと口に「かわいい」といっても、いろいろなかわいさがあります。「心がなごむような、やさしい色だね」というように、何がどうかわいいのかを具体的《ぐたいてき》に表現《ひょうげん》するようにすると、コメント力がついてきます。

③コメント力を磨《みが》くと、人に好《す》かれるようになり、人間関係《かんけい》が広がります。

（齋藤《さいとう》 孝《たかし》「国語は語彙力《ごいりょく》！」）

＊語彙《ごい》…ここでは、ある人が知っている単語《たんご》の数、という意味。

(1) ――線①「相手が喜《よろこ》ぶような……口にすることができます」とありますが、その結果《けっか》、どのようなことが起こりますか。□にあてはまる言葉を、文章中から①は六字、②は四字でぬき出しましょう。一つ25点（50点）

・[①]ようになると同時に、[②]が広がってくる。

①

②

(2) ――線②「禁《きん》じ手にする」の、ここでの意味を次から一つ選《えら》び、記号で答えましょう。（25点）

ア 使わない　イ 時々使う　ウ よく使う

（　　）

(3) ――線③「コメント力を磨《みが》く」とありますが、そのためには、どうすればよいですか。文章中から六字の言葉をぬき出し、あとの文を完成《かんせい》させましょう。（25点）

・物事を□□□□□□する。

●次の文章を読んで、あとの問いに答えましょう。

ふたばは、死んだおばあちゃんの飼《か》い犬だったハニーが保健所《ほけんじょ》に連《つ》れていかれるのを止めようとしています。


（ちゃんといわなくちゃ）

ふたばは、勇気《ゆうき》をふりしぼりました。

「わたし……」

きんちょうしすぎて、声がふるえます。

「……ハニーを」

ママたちは、だまっています。

ふたばは、ぐーの手を、いっそうつよくにぎりしめました。そして、さけびました。

「　①　」

ママとくみおばさんは、きびしい顔をしています。

しばらくして、くみおばさんがいいました。

「ふたばちゃん、気もちはわかるよ。おばさんたちだって、飼ってあげられるもんなら、飼ってあげたいのよ」

「わたしが、ちゃんとめんどうをみる。飼いたいの！」

ひきさがらないふたばに、ママがききました。

「どうしてもなのね？」

ひくい声ではありません。やさしい声です。

「うん」

うなずくと、②ママもうなずきました。

（楠《くすのき》 章子《あきこ》「ハニーのためにできること」）

(1)「①」にあてはまる言葉を次から一つ選《えら》び、記号で答えましょう。(30点)

ア ハニーを、連《つ》れ出してあげて！
イ ハニーを、だっこしないで！
ウ ハニーを、飼《か》いたい！
（　　）

(2) ――線②「ママもうなずきました」とは、どのような意味ですか。次から一つ選《えら》び、記号で答えましょう。(30点)

ア ごめんね　**イ** わかった
ウ ありがとう
（　　）

(3) ふたばの強い気持ちがわかる動作を、文章中から一文でぬき出し、初《はじ》めの六字を書きましょう。(40点)

7 漢字辞典《じてん》の使い方

点

国語

月　日

答え　別さつ11ページ

1 次の漢字の画数は何画ですか。漢数字で書きましょう。一つ5点（20点）

① 学（　　）画　② 返（　　）画

③ 図（　　）画　④ 流（　　）画

2 書き順《じゅん》が正しいほうに○をつけましょう。一つ10点（30点）

①
（　）乛→厂→户→皮→皮
（　）ノ→厂→户→皮→皮

②
（　）一→ア→ヌ→区
（　）一→匚→匸→区

③
（　）一→ナ→冇→冇→有→有
（　）ノ→ナ→冇→冇→有→有

書き順《じゅん》は、上から下、左から右が決まりだよ。

3 次の場合、漢字辞典《じてん》でどのように調べますか。合うものをあとから全て選《えら》び、記号で答えましょう。一つ10点（30点）、各完答《かくかんとう》

① 漢字の読み方はわかるが、部首はわからないとき。（　　）

② 読み方はわからないが、部首はわかるとき。（　　）

③ 読み方も部首もわからないとき。（　　）

ア 音訓《おんくん》さくいん　イ 部首さくいん
ウ 総画《そうかく》さくいん

4 漢字辞典《じてん》に出てくる順《じゅん》に番号をつけましょう。一つ10点（20点）、①②完答《かんとう》

①
（　）深
（　）池
（　）海

②
（　）絵
（　）後
（　）係

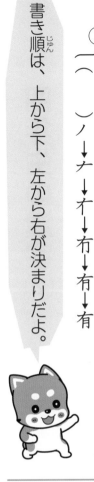

6 四年生の漢字②

月　日

点

答え 別さつ11ページ

1

次の――線の漢字の読みを（　）に書きましょう。一つ5点（40点）

① 命に関わるけがを負う。（　）（　）

② 的をねらって矢を投げる。（　）

③ 良薬は口に苦し（　）

④ 父が競馬を見に行く。（　）

⑤ 部屋《へや》の照明をつける。（　）

⑥ 人生の節目をむかえる。（　）

⑦ おぼうさんが教えを説く。（　）

⑧ 明日《あす》は祝日だ。（　）

③「良薬は口に苦し」は、良《よ》くきく薬が苦いように、身のためになる言葉は聞きづらい、ということわざだね。

2

次の□に漢字を書きましょう。一つ10点（30点）

① 寒くて手の□□《かんかく》がない。

② おもちゃの□□《へいたい》で遊ぶ。

③ □□《けんこう》に気をつける。

3

次の――線の言葉を、漢字と送りがなで書きましょう。一つ10点（30点）

① 先をあらそう。（　）

② いさましい発言。（　）

③ ねむけとたたかう。（　）

国語

5 詩を読む①

国語

点

月　日

答え 別さつ11ページ

●次の詩を読んで、あとの問いに答えましょう。

木

与田準一《よだじゅんいち》

木に登って本を読んだ。
木に登って海の音を聞いた。
木に登ってハモニカをふいた。
木に登って眠《ねむ》った。

かっこうのいい木のまたが
ぼくをいつも待っていた。
独《ひと》りになるためにそこにいった。
ぼくの未来《みらい》がそこから続《つづ》いていると思った。

どしんと落っこちるゆめが
眠っているあいだ、ぼくをおどかした。
木のはだが
手足にばら色のあと型《かた》をつけた。

くり返される言葉や
リズムに注意して読む
のだ！

(1)「ぼく」は、何のために木に登るのですか。文章中から七字でぬき出しましょう。(40点)

(2) ――線「手足にばら色のあと型《かた》をつけた」から何がわかりますか。次から一つ選《えら》び、記号で答えましょう。(30点)

ア 木の上で長い時間をすごしたこと。
イ 木の上でけがをしてしまったこと。
ウ 木にたくさんの虫や鳥がいたこと。

〔　　〕

(3) この詩の内ように合うものを次から一つ選《えら》び、記号で答えましょう。(30点)

ア 木は友達《ともだち》がいない「ぼく」をいつも待っていてくれた。
イ 落ちるかもしれないと思うとほとんど眠《ねむ》れなかった。
ウ 木の上で自分の生き方を見つけようとしていた。

〔　　〕

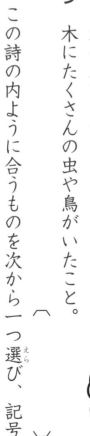

4 説明《せつめい》文を読む①

点

月　日

答え 別さつ12ページ

●次の文章を読んで、あとの問いに答えましょう。

恐竜《きょうりゅう》というと、その姿《すがた》からトカゲやワニが生きのこりと思われますし、かつてはそう考える学者もいました。しかしいまは研究がすすみ、恐竜とも鳥とも見えるような生物の化石も見つかって、恐竜の子孫《しそん》は鳥だということが明らかになっています。

さて、この鳥ですが、歩くために手にいれた［　　］、ヒトでいう手を、思いきり変化《へんか》させてしまいました。

それは、歩くことより、飛《と》ぶことのほうが鳥にとってつごうがよかったからです。さて、よかったわけはなんでしょう。

鳥は、前足が変化した翼《つばさ》で空を飛ぶことで、陸《りく》の上を歩くより敵《てき》も少なく、おそわれることもへったはずです。えさも高い木の上の昆虫《こんちゅう》や実を食べたり、小動物を空からねらったりもできたでしょう。このように飛べることは、鳥には大きな利点《りてん》となりました。

（山本省三《やまもとしょうぞう》「ヒトの親指はエライ！」）

(1) ［　　］にあてはまる言葉を、文章中から二字でぬき出しましょう。（25点）

(2) ――線「歩くことより……つごうがよかったからです」とありますが、どのようにつごうがよかったのですか。［　　］にあてはまる言葉を、文章中から①は五字、②は二字でぬき出しましょう。一つ25点（50点）

・空を飛《と》ぶことで、敵《てき》から［①］ことがへり、昆虫《こんちゅう》などの［②］もたくさん手にいれられるようになった。

①

②

(3) 文章の内ように合うものを次から一つ選《えら》び、記号で答えましょう。（25点）〔　　〕

ア トカゲやワニは、恐竜《きょうりゅう》の生きのこりだ。

イ 鳥は、恐竜《きょうりゅう》の子孫《しそん》であると考えられる。

ウ 鳥のなかまは、陸《りく》の上より空に多くいる。

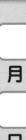

点

月　日

答え 別さつ12ページ

物語文を読む①

●次の文章を読んで、あとの問いに答えましょう。

その日、悠太《ゆうた》が十時きっかりに家を出て図書館に向かうと、すでに*あの男の子が最新《さいしん》号の『鉄道ファン』を手にとって、読んでいる最中《さいちゅう》だった。

やっぱり、十時なんかに家を出たんじゃおそすぎたんだ。しかたなく、少し待っていようと、悠太は児童室《じどうしつ》の棚《たな》から本を出して開いた。あまり長く待つようなら、また午後に出直してこよう。

悠太は本を手にしながら、ちらちらと男の子のようすをうかがっていた。

すると、突然《とつぜん》男の子と目が合った。

ヤバイ、と思って、悠太は目をそらそうとした。ところが、それより一瞬《いっしゅん》早く、男の子は手まねきした。

えっと思って、悠太はうしろを振《ふ》り返った。けれど、そこにはだれもいない。

もう一度男の子のほうを見ると、今度は人差《ひとさ》し指で悠太をさして、また手まねきした。こっちへこいよというふうに。

悠太は自分が呼《よ》ばれたのか、半信半疑《はんしんはんぎ》のまま、近寄《ちかよ》っていった。

男の子は悠太を見あげると、聞いた。

「一緒《いっしょ》に見るか？」

（三輪裕子《みわひろこ》「ぼくらは鉄道に乗って」）

＊あの男の子…いつも『鉄道ファン』を読んでいる男の子。

(1) この文章は、どのような場面ですか。[　]①～③に合う言葉をあとの[　]から選《えら》び、記号で答えましょう。　一つ25点（75点）

・場所は[①]、時こくは[②]。男の子と悠太《ゆうた》の様子が[③]の気持ちと行動を中心にえがかれている。

ア 午後　イ 教室　ウ 語り手
エ 午前中　オ 図書館　カ 悠太《ゆうた》

①（　　）②（　　）③（　　）

(2) 文章中の悠太《ゆうた》の気持ちの変化《へんか》に合うものを次から選《えら》び、記号で答えましょう。（25点）

ア がっかり→あきらめ→とまどい
イ らくたん→あせり→よろこび
ウ ためいき→いかり→おびえ

（　　）

2 漢字の組み立て

点

月　日

答え 別さつ12ページ

1 次の各組《かくくみ》の漢字の部首を□に書き、その部首名をあとから選《えら》び、（　）に書きましょう。一つ10点（50点）、各完答《かくかんとう》

	部首	部首名
① 聞・開・関	□	（　）
② 悲・悪・意	□	（　）
③ 家・宿・守	□	（　）
④ 雲・雪・電	□	（　）
⑤ 度・店・庭	□	（　）

あめかんむり・うかんむり・こころ
れっか・まだれ・もんがまえ

2 次の各組《かくくみ》の漢字と共通《きょうつう》して組み合わせることができる部首を —— でつなぎましょう。一つ10点（30点）

① 由　合　寺・　　・木

② 由　皮　毎・　　・⺮

③ 主　黄　交・　　・言

　　　　　　　　　・氵

3 次の部首は何に関係《かんけい》のある漢字を作りますか。あとから選《えら》び、記号で答えましょう。一つ10点（20点）

① 艹（くさかんむり）（　）

② 辶（しんにょう・しんにゅう）（　）

ア 水　イ 植物　ウ 道・歩く

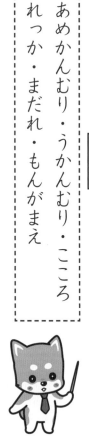

1 四年生の漢字①

点

国語

月　日

答え　別さつ12ページ

1 次の――線の漢字の読みを（　）に書きましょう。一つ5点（40点）

① てすりを伝ってつり橋をわたる。（　）

② 最初からやり直す。（　）

③ 変化《へんか》に富んだ毎日。（　）

④ 漢字の成り立ちを学ぶ。（　）

⑤ 筆で清書する。（　）

⑥ 商店街で買い物をする。（　）

⑦ 昨夜の出来事。（　）

⑧ きずに包帯をまく。（　）

「伝う」は、ものにそっていく、という意味だよ。
「なみだがほおを伝う」などと使うよ。

2 次の□に漢字を書きましょう。一つ10点（30点）

① □□□《ひこうき》に乗る。

② リレーの□□《せんしゅ》。

③ サッカーが□□《じょうたつ》する。

3 次の――線の言葉を、漢字と送りがなで書きましょう。一つ10点（30点）

① 会社ではたらく。（　）

② 友人と駅でわかれる。（　）

③ 新しい食べ方をこころみる。（　）

チャ太郎ドリル　夏休み編

小学4年生

国語

初版
第 1 刷　2020年 7 月 1 日　発行
第 2 刷　2023年 6 月 1 日　発行

●編 者
数研出版編集部
●表紙デザイン
株式会社クラップス

発行者　星野 泰也
ISBN978-4-410-13755-6

チャ太郎ドリル 夏休み編 小学 4 年生

発行所　**数研出版株式会社**

〒101-0052 東京都千代田区神田小川町 2 丁目 3 番地 3
〔振替〕00140-4-118431
〒604-0861 京都市中京区烏丸通竹屋町上る大倉町205番地
〔電話〕代表（075）231-0161
ホームページ　https://www.chart.co.jp
印刷　創栄図書印刷株式会社
乱丁本・落丁本はお取り替えいたします　230502

チャ太郎ドリル　夏休み編　小学四年生

国語

もくじ

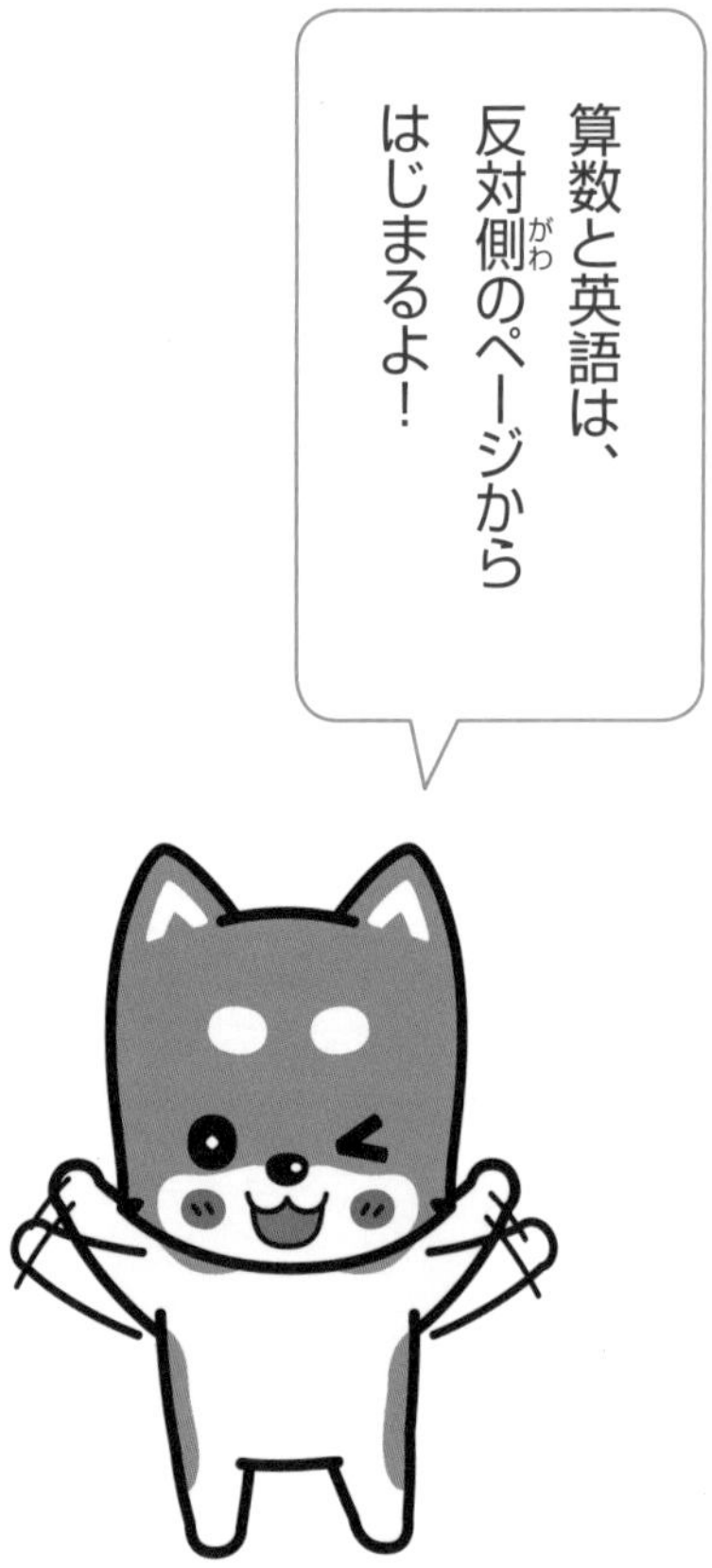

算数と英語は、反対側《がわ》のページからはじまるよ！

1 大きな数① 2ページ

1 ① 318002000
② 4810500200000
③ 204500000

2 ① 10 ② 1兆 ③ 1兆

3 ① 40億 ② 100億
③ 9000億 ④ 1兆5000億

かんがえかた

1 数字がない位《くらい》には0を書きます。

2 1000万の10倍は1億《おく》，1000億《おく》の10倍は1兆《ちょう》です。

3 数直線の1目もりが表す大きさを考えましょう。上の数直線の1目もりは10億《おく》，下の数直線の1目もりは1000億《おく》を表しています。

2 大きな数② 3ページ

1 ①

			億				万				
	1	7	0	0	0	0	0	0	0	0	0
		1	7	0	0	0	0	0	0	0	0
			1	7	0	0	0	0	0	0	0

② 1けた
③ 1けた
④ 1700億(170000000000)

2 ① 9876543210
② 1023456789

かんがえかた

2 いちばん大きい数は，大きい位《くらい》から数字の大きい順《じゅん》にならべます。
いちばん小さい数は，いちばん大きい位《くらい》に0は入らないので，1が入ります。次に大きい位《くらい》から0，2，3，4，5，6，7，8，9とならべていきます。

3 大きな数③ 4ページ

1 ① 171750 ② 333740
③ 97812 ④ 76454
⑤ 144942 ⑥ 123221

2 ① 2414 ② 2414000

3 [式] 2100×154=323400
[答え] 323400こ

かんがえかた

1 ①

```
   375
  ×458
  3000
 1875
1500
171750
```

④

```
  127
 ×602
  254
762
76454
```

2 終わりにある0を省《はぶ》いて計算し，その積《せき》に省《はぶ》いた分の0をつけたすとかんたんに計算できます。

4 角の大きさ① 5ページ

1 ① 180 ② 360

2 ① 40° ② 125°

3 ① 250° ② 310°

かんがえかた

1 半回転の角度は直角2つ分，1回転の角度は直角4つ分です。

2 分度器《ぶんどき》の中心と0°の線を，図にあわせて目もりをよみましょう。

3 180°より大きい角度は，180°にたしたり，360°からひいたりして求めます。
① 180°+70°=250°
② 360°−50°=310°

5 角の大きさ②

6ページ

1

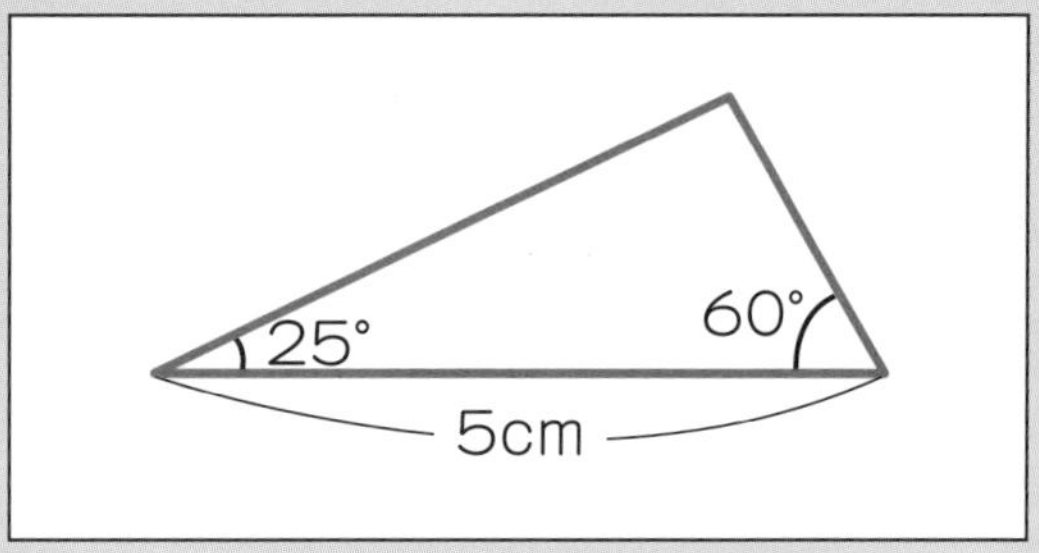

2 ① 105° ② 135°

かんがえかた

1 まず5cmの辺《へん》をかきます。次に25°と60°を分度器《ぶんどき》ではかり，辺《へん》をかきましょう。

2 三角じょうぎは，30°，60°，90°の直角三角形と，45°，45°，90°の直角二等辺三角形の2種類《しゅるい》あります。

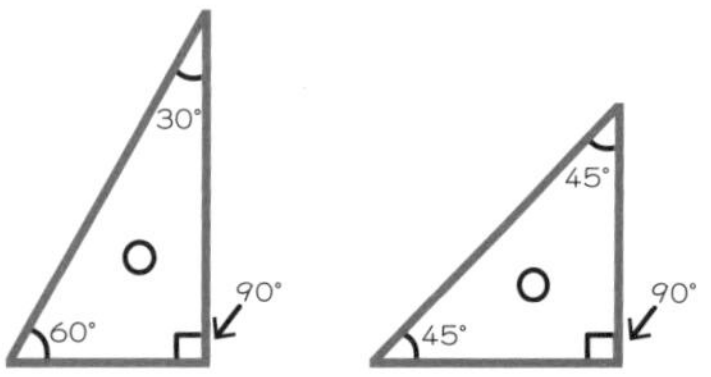

6 折《お》れ線《せん》グラフ①

7ページ

1 ① たてのじく…気温
横のじく…時こく
② 26度 ③ 午後2時
④ 2度
⑤ 午前10時，午後0時

かんがえかた

1 たてのじく，横のじくが何を表しているのか，初《はじ》めにたしかめておきましょう。
線のかたむきが急なところほど，変化《へんか》が大きいです。

7 折《お》れ線《せん》グラフ②

8ページ

1

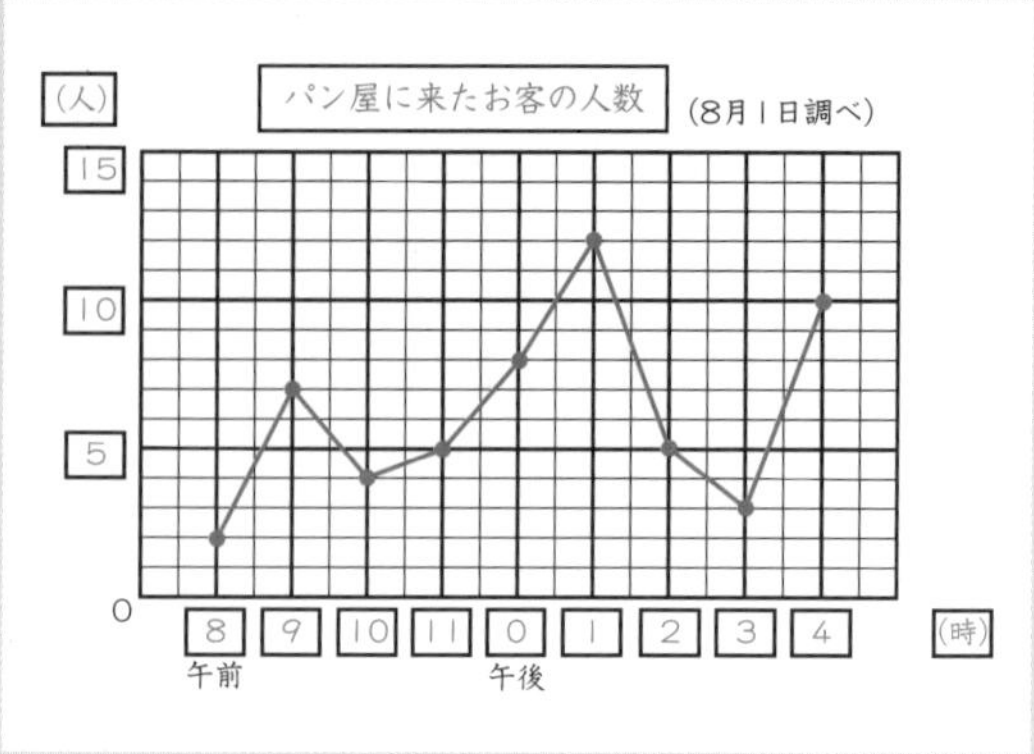

かんがえかた

1 それぞれの時こくの人数を表す点は，省《はぶ》かずにすべてうちましょう。

8 何十，何百のわり算

9ページ

1 ① 10 ② 2 ③ 20
④ 60÷3=20

2 ① 20 ② 40
③ 60 ④ 300
⑤ 200 ⑥ 500
⑦ 700 ⑧ 200

かんがえかた

1 何十，何百の数のわり算は，10や100のたばに分けて考えます。

2 ③のように，100のたばに分けると計算できなくなってしまうときは，10のたばに分けてみましょう。
わられる数が何千のときも，同じように計算します。

9 わり算の筆算①　10ページ

1

① $$\begin{array}{r} 29 \\ 3\,\overline{)87} \\ \underline{6} \\ 27 \\ \underline{27} \\ 0 \end{array}$$
② $$\begin{array}{r} 19 \\ 4\,\overline{)76} \\ \underline{4} \\ 36 \\ \underline{36} \\ 0 \end{array}$$
③ $$\begin{array}{r} 16 \\ 6\,\overline{)96} \\ \underline{6} \\ 36 \\ \underline{36} \\ 0 \end{array}$$

④ $$\begin{array}{r} 13 \\ 5\,\overline{)65} \\ \underline{5} \\ 15 \\ \underline{15} \\ 0 \end{array}$$
⑤ $$\begin{array}{r} 39 \\ 2\,\overline{)78} \\ \underline{6} \\ 18 \\ \underline{18} \\ 0 \end{array}$$
⑥ $$\begin{array}{r} 14 \\ 7\,\overline{)98} \\ \underline{7} \\ 28 \\ \underline{28} \\ 0 \end{array}$$

⑦ $$\begin{array}{r} 15 \\ 4\,\overline{)60} \\ \underline{4} \\ 20 \\ \underline{20} \\ 0 \end{array}$$
⑧ $$\begin{array}{r} 14 \\ 5\,\overline{)70} \\ \underline{5} \\ 20 \\ \underline{20} \\ 0 \end{array}$$
⑨ $$\begin{array}{r} 13 \\ 3\,\overline{)39} \\ \underline{3} \\ 9 \\ \underline{9} \\ 0 \end{array}$$

2 [式] 96÷8=12

[答え] 12cm

かんがえかた

1 わり算の筆算は，大きい位《くらい》から順《じゅん》に計算しましょう。

2 (リボン全部の長さ)÷(分ける本数)=(1本分の長さ)です。

10 わり算の筆算②　11ページ

1

① $$\begin{array}{r} 27 \\ 2\,\overline{)55} \\ \underline{4} \\ 15 \\ \underline{14} \\ 1 \end{array}$$
② $$\begin{array}{r} 12 \\ 6\,\overline{)76} \\ \underline{6} \\ 16 \\ \underline{12} \\ 4 \end{array}$$
③ $$\begin{array}{r} 13 \\ 7\,\overline{)94} \\ \underline{7} \\ 24 \\ \underline{21} \\ 3 \end{array}$$

④ $$\begin{array}{r} 10 \\ 5\,\overline{)54} \\ \underline{5} \\ 4 \end{array}$$
⑤ $$\begin{array}{r} 17 \\ 4\,\overline{)71} \\ \underline{4} \\ 31 \\ \underline{28} \\ 3 \end{array}$$
⑥ $$\begin{array}{r} 28 \\ 3\,\overline{)85} \\ \underline{6} \\ 25 \\ \underline{24} \\ 1 \end{array}$$

2 順《じゅん》に，4，21，3，87

3 [式] 90÷8=11 あまり 2

[答え] 11，2

かんがえかた

1 あまりがわる数より小さくなっているか，たしかめましょう。

2 わり算のたしかめをすると，計算まちがいに気づくことができます。

3 (クッキー全部のまい数)÷(分ける人数)を計算しましょう。

11 わり算の筆算③　12ページ

1

① $$\begin{array}{r} 125 \\ 6\,\overline{)754} \\ \underline{6} \\ 15 \\ \underline{12} \\ 34 \\ \underline{30} \\ 4 \end{array}$$
② $$\begin{array}{r} 274 \\ 3\,\overline{)823} \\ \underline{6} \\ 22 \\ \underline{21} \\ 13 \\ \underline{12} \\ 1 \end{array}$$
③ $$\begin{array}{r} 129 \\ 4\,\overline{)516} \\ \underline{4} \\ 11 \\ \underline{8} \\ 36 \\ \underline{36} \\ 0 \end{array}$$

④ $$\begin{array}{r} 121 \\ 5\,\overline{)607} \\ \underline{5} \\ 10 \\ \underline{10} \\ 7 \\ \underline{5} \\ 2 \end{array}$$
⑤ $$\begin{array}{r} 427 \\ 2\,\overline{)854} \\ \underline{8} \\ 5 \\ \underline{4} \\ 14 \\ \underline{14} \\ 0 \end{array}$$
⑥ $$\begin{array}{r} 142 \\ 6\,\overline{)853} \\ \underline{6} \\ 25 \\ \underline{24} \\ 13 \\ \underline{12} \\ 1 \end{array}$$

2 ① [式] 417÷3=139

[答え] 139 さつ

② [式] 417÷4=104 あまり 1

[答え] 104，1

かんがえかた

1 百の位《くらい》から順《じゅん》に計算しましょう。

2 (ノート全部のさっ数)÷(分ける人数)を計算しましょう。

12 わり算の筆算④ 13ページ

1

①
```
   77
7)542
  49
   52
   49
    3
```
②
```
   98
4)395
  36
   35
   32
    3
```
③
```
   52
8)416
  40
   16
   16
    0
```
④
```
   27
5)137
  10
   37
   35
    2
```
⑤
```
   65
9)586
  54
   46
   45
    1
```
⑥
```
   61
4)247
  24
    7
    4
    3
```
⑦
```
   60
6)364
  36
    4
```
⑧
```
   53
3)159
  15
    9
    9
    0
```
⑨
```
   19
9)178
   9
   88
   81
    7
```

2 [式] 469÷7=67

[答え] 67ページ

かんがえかた

1 百の位《くらい》に商がたたないときは，十の位《くらい》までふくめた数で計算します。

2 (本のページ数)÷(読む日数)を計算します。

13 小数① 14ページ

1 ① 0.07　② 0.418

③ 順《じゅん》に，4.191，4.198，4.205

④ 0.008

2 ① 2.954　② 8　③ 5.124

④ 354　⑤ 1000　⑥ 52.1

⑦ 0.167

かんがえかた

1 ④ 1000g=1kgから，

1g=0.001kgとなります。

2 ⑥⑦ 10倍すると位《くらい》が1つ上がり，$\frac{1}{10}$にすると位《くらい》が1つ下がります。

14 小数② 15ページ

1 ① 8.95　② 5.91　③ 5.33

④ 2.91　⑤ 8.03　⑥ 10

⑦ 2.57　⑧ 0.43　⑨ 6.46

⑩ 2.6　⑪ 3.93　⑫ 2.31

2 ① [式] 1.38+1.29=2.67

[答え] 2.67m

② [式] 1.42−1.29=0.13

[答え] 0.13m

かんがえかた

1 位《くらい》をそろえて計算しましょう。

①
```
  7.43
+1.52
------
  8.95
```
⑨
```
  9.00
-2.54
------
  6.46
```

2 ②いちばん大きい人は1.42mのたろうさん，いちばん小さい人は1.29mのまさこさんです。

15 まとめ問題① 16ページ

1 ① 307020000

② 1000000000000

③ 140000000000

④ 5640000

2

①
```
   461
  ×192
------
   922
 4149
 461
------
 88512
```
②
```
    302
   ×485
-------
   1510
  2416
 1208
-------
 146470
```
③
```
    926
   ×773
-------
   2778
  6482
 6482
-------
 715798
```

3 ① 30°　② 245°

4

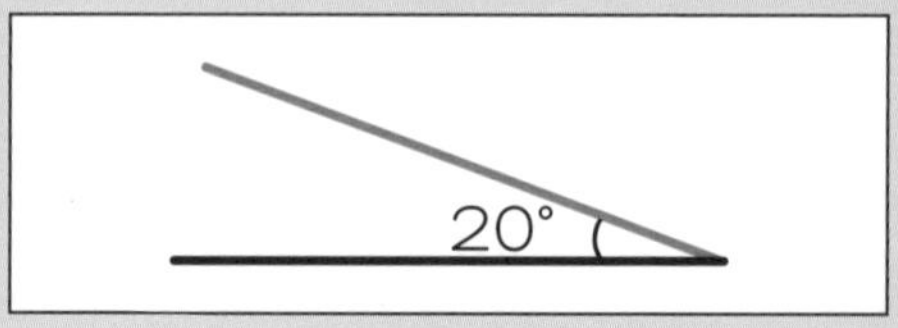

かんがえかた

4 ぎゃくの向きにかいても正解です。

16 まとめ問題②　17ページ

1 ①

見つけたセミの数　(8月20日調べ)

時こく（時）	午前8	10	午後0	2	4	6	8
セミの数（ひき）	14	19	21	14	8	7	2

②

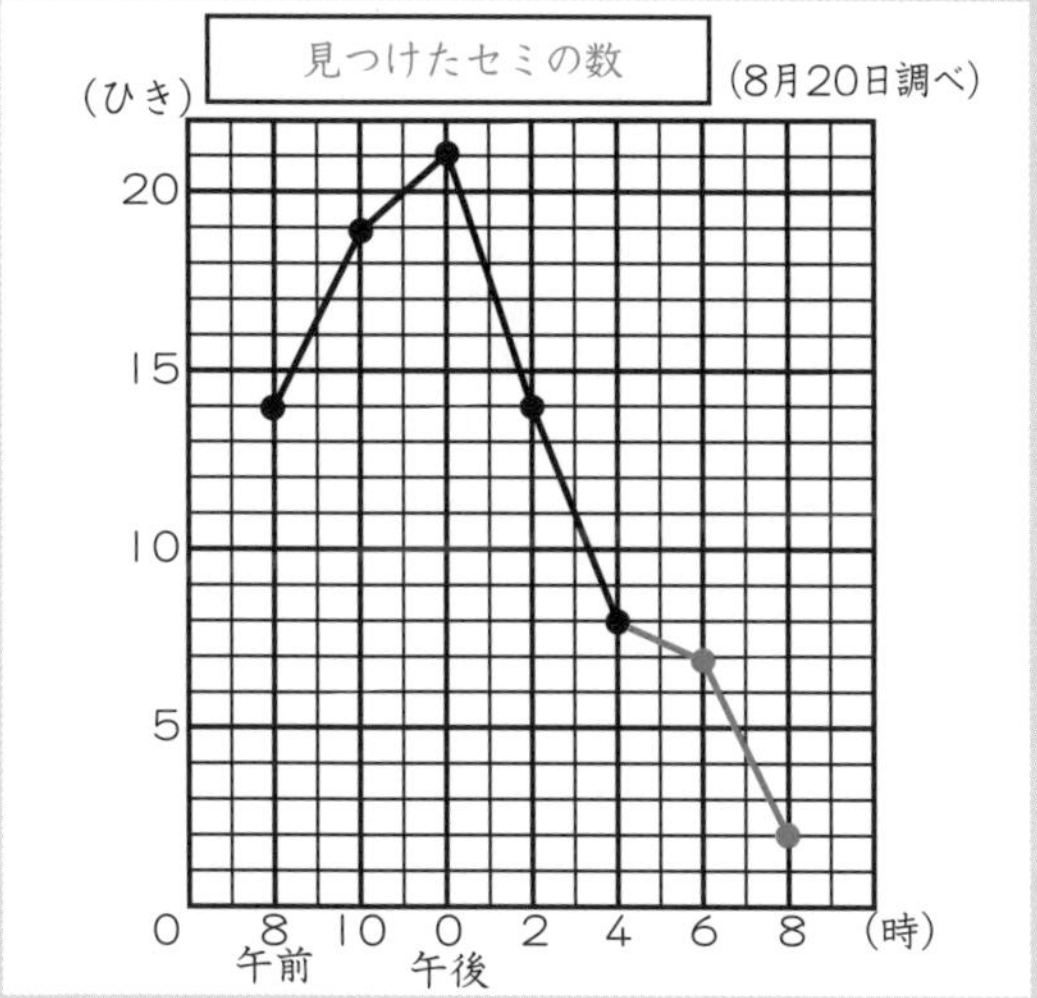

③ 午後４時，午後６時

④ 午前

かんがえかた

1 表とグラフの数が合うようにかきましょう。

17 まとめ問題③　18ページ

1 ① 200　② 160
③ 80　④ 200

2 ① 28　② 18 あまり 4
③ 12 あまり 5　④ 18
⑤ 78 あまり 7
⑥ 32 あまり 1

3 [式] 970÷4=242 あまり 2
[答え] 242，2

かんがえかた

2 あまりがわる数より小さくなっているか，たしかめましょう。

1 アルファベット大文字・小文字①　20ページ

1 ① ×　② ○　③ ×

2 ① f　② g　③ h

かんがえかた

1 大文字Ｂの小文字はｂ，大文字Ｄの小文字はｄです。小文字のａ，ｂ，ｄは形がにているので，ちがいに注意して覚《おぼ》えましょう。

2 大文字Ｆの小文字はｆ，大文字Ｇの小文字はｇ，大文字Ｈの小文字はｈです。

2 アルファベット大文字・小文字②　21ページ

1

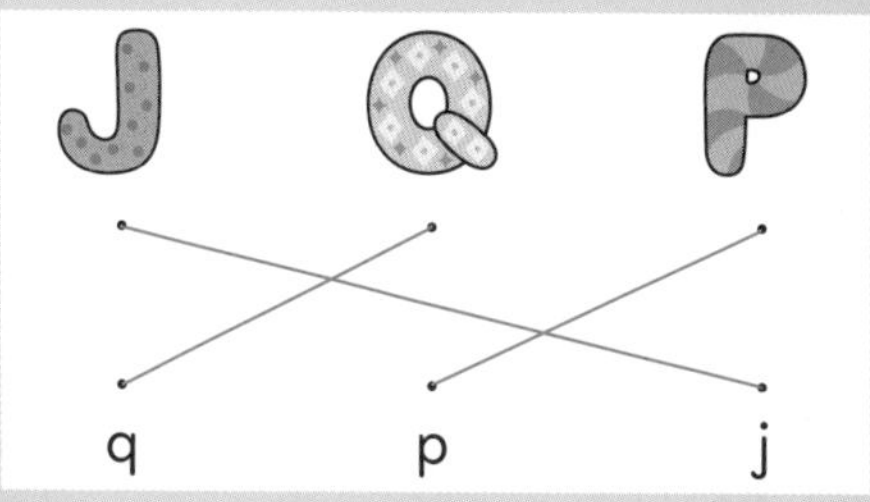

2 ① R　② M

かんがえかた

1 小文字のｐとｑは形がにているので，気をつけましょう。

2 ②大文字のＭとＮ，小文字のｍとｎをまちがえないようにしましょう。

3 アルファベット大文字・小文字③ 22ページ

1 ① イ ② ア ③ ウ

2 ①

T	U	S	V	X
W	S	T	W	Y
S	T	U	X	Z
W	U	W	Y	S
S	Z	V	Z	W

②

w	v	y	z	s
s	w	x	y	t
u	x	s	v	u
v	w	x	y	z
s	z	s	t	x

かんがえかた

2 アルファベットの順番《じゅんばん》は，アルファベットの歌などを使ってA～Zまでしっかり覚《おぼ》えましょう。

4 数① 23ページ

1

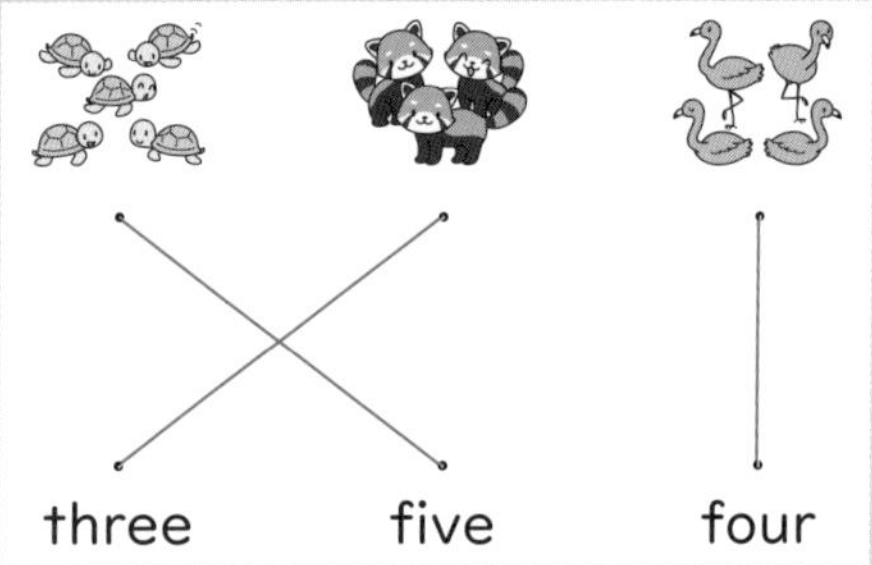

2 ①

②

かんがえかた

2 まず，それぞれの単語《たんご》が表す数を考えてみましょう。数がわかったら，その数だけ形をぬりましょう。

5 数② 24ページ

1 ① ○ ② ×

2 ①

②

③

かんがえかた

1 ②スズメが10羽いるので，正しい数はtenです。twelveは「12」という意味です。

6 天気・気候 25ページ

1 ① ウ ② ア ③ イ

2 ① hot ② snowy

かんがえかた

1 問題の上の絵を見ながら考えてみましょう。sunnyのsunは「太陽」という意味です。

2 ①女の子は暑そうにしているので，hot「暑い」を選《えら》びます。

②雪がふっているので，snowy「雪の」を選《えら》びます。snowyのsnowは「雪」という意味です。

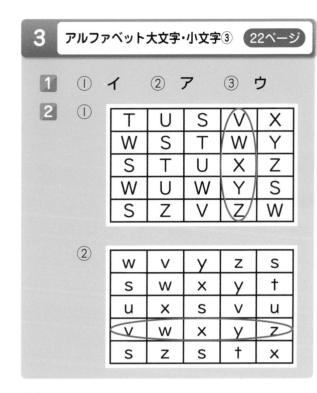

7 身の回りのもの①　26ページ

1

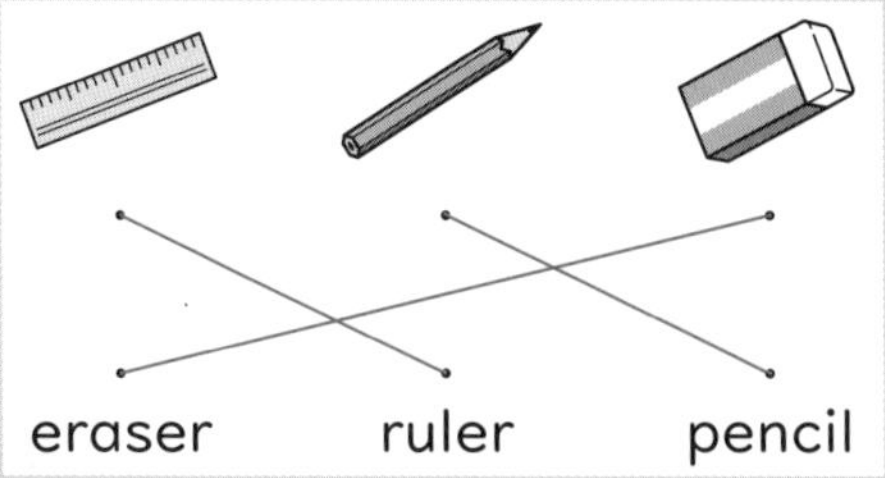

2　①　×　　②　○

かんがえかた

1 eraser「消しゴム」と ruler「じょうぎ」はどちらも er で終わるので，まちがえないようにしましょう。

2 ①「はさみ」は scissors といいます。stapler は「ホッチキス」という意味です。

8 身の回りのもの②　27ページ

1　①　ア　　②　ウ　　③　イ

2　①　calendar
　　②　pencil sharpener

かんがえかた

2 ①「カレンダー」は calendar といいます。clock は「かけ時計」という意味です。
②「えん筆けずり」は pencil sharpener といいます。pencil case は「筆箱」という意味です。にているので，しっかり区別《くべつ》して覚《おぼ》えましょう。

9 まとめ問題①　28ページ

1

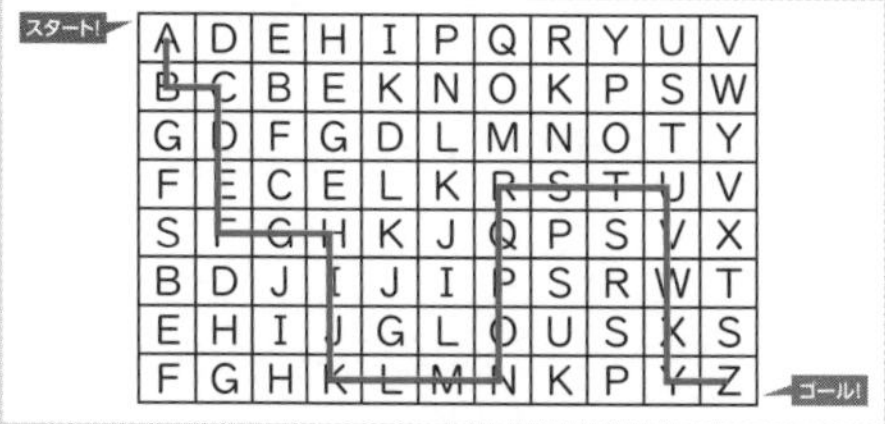

2　①　D　　②　R
　　③　i　　④　o

3　①

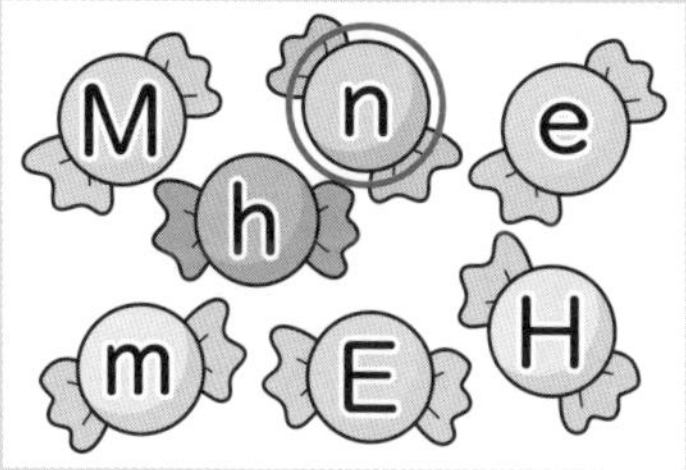

②

かんがえかた

3 ①小文字の n と m，h はにているので，注意しましょう。あまった n の大文字は N です。
② I の小文字が i ということをかくにんしましょう。小文字の i と j はにているので，気をつけましょう。

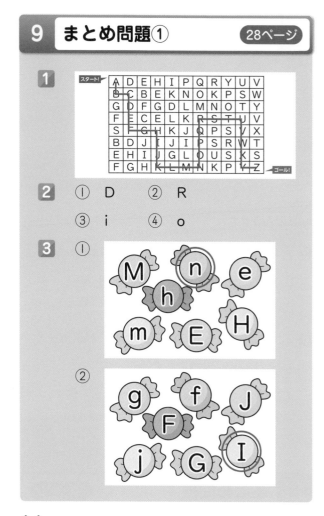

10 まとめ問題②　29ページ

1	①	エ	②	ウ	③	ア
2	①	イ	②	エ	③	ウ
3	①	○	②	×		
	③	○	④	×		

かんがえかた

2 まず，それぞれの動物の数を数えてみましょう。そのあとで，その数を英語《えいご》で何というか考えてみましょう。

3 ②くもりのイラストなので，cloudy「くもりの」が正しいです。

④雪のイラストなので，snowy「雪の」が正しいです。

11 まとめ問題③　30ページ

1	①	×	②	○	③	○
2	①	エ	②	オ	③	ウ
	④	カ	⑤	ア	⑥	イ
3	①	5(本)	②	3(こ)		

かんがえかた

3 まず，それぞれの単語《たんご》が何を表すか考えてみましょう。そのあとで，絵の中のものの数を数えましょう。

17 詩を読む③　31ページ

(1) イ
(2) ウ
(3) 色もか〜て同じ

かんがえかた

(1)「めんどりがたまごをうむように」という例《たと》えからわかります。

(2) トマトをみがき「芸術品」だといってしみじみながめる様子から、**ア**と**イ**が読み取れます。**ウ**の「野菜《やさい》を高く売りたいという気持ち」は詩から読み取れません。

13 物語文を読む③ 35ページ

(1) ① とった
② まぐれ
(2) イ

かんがえかた

(2) **ア**は、「胸《むね》をはって」「するどい目つき」になり、ボールを投げるすがたから、**ウ**は、すぐに降参《こうさん》するすがたから合いません。**イ**は、ボールをとったことでうれしくなり「わたし」に投げ返してきたことから、ちょう戦《せん》しようとする気持ちがあることがわかります。

14 説明《せつめい》文を読む③ 34ページ

(1) 【イ】
(2) ① 糸
② せんい（繊維）
(3) ア

かんがえかた

(1) 「コンクリートや鉄」はかたいものなので、かたいもので着物はつくれないという話の流れの【イ】が正解《せいかい》です。
(2) 第三だん落に「布《ぬの》は糸からできています」、「糸を……細長いものがせんい（繊維《せんい》）です」とあります。
(3) 「布はたて糸とよこ糸が組み合わされてできています」とあるので、**イ**は合いません。

15 物語文を読む④ 33ページ

(1) ア
(2) 興味がなかった
(3) 生きてるんだ

かんがえかた

(1) 「きょとんと」は、あっけにとられている様子を表します。洋平《ようへい》は、急に「かさ持ってて」と言われて、事情《じじょう》がわからずとまどっているのです。
(2) 「それなのに」のあとには、「ツバメにさわろうとしている」という内ようが、省《しょう》りゃくされています。

16 説明《せつめい》文を読む④ 32ページ

(1) イ
(2) ① なれてくる
② どんなもの
(3) 進歩・変化がしにくい

かんがえかた

(1) 「フォーク」に対するものなので、「はし」になります。
(2) 最後《さいご》の文で、「はしは……なれてくると、どんなものでもはさむことができるのです」と説《せつ》明《めい》されています。
(3) ――線③のあとの「進歩・変《へん》化《か》がしにくいといえます」に着目します。

9 説明文《せつめい》を読む②　39ページ

(1) ① 人に好かれる ② 人間関係
(2) ア
(3) 具体的に表現

かんがえかた

(1) 「相手が喜《よろこ》ぶようなコメントを的確《てきかく》に口にすることができ」るとは、「コメント力」があるということなので最後《さいご》の一文に注目しましょう。
(2) 「禁《きん》じ手」とは、禁止《きんし》されている方法《ほうほう》のことです。
(3) どうすればコメント力がつくかは、――線③の前のだん落で説明《せつめい》されています。

10 詩を読む②　38ページ

(1) ウ
(2) ごめんなさい
(3) イ

かんがえかた

(1) 「げんこつが／ゴツンゴツンなぐる」は、自分で自分をなぐる、自分をせめる様子を表しています。
(3) 「ごめんなさい」を言えない自分が、消えてしまいたいほどいやで、苦しい気持ちがえがかれた詩です。

11 四年生の漢字③　37ページ

1
① みやぎ ② いばらき ③ とちぎ ④ にいがた ⑤ ぎふ ⑥ しが ⑦ えひめ ⑧ かごしま

2
① 北海道 ② 千葉
③ 奈良 ④ 香川
⑤ 福岡 ⑥ 熊本

かんがえかた

1 ② 「いばらぎ」ではなく「いばらき」と読みます。
⑥ 滋賀《しが》県の琵琶湖《びわこ》は、日本一の大きさの湖です。
2 ③ 「良」を「ら」と読みます。
⑥ 「熊」を「態」としないように注意しましょう。

12 つなぎ言葉　36ページ

1
（――を引く言葉）
① そして
② そのため

2
① エ ② ア ③ イ

3
① または ② だから ③ しかし ④ なぜなら

かんがえかた

2 ①は話題をかえる、②は前から予想される内ようと反対のことをのべる、③は前の内ようを言いかえるはたらきをします。
3 ②「だから」と、④「なぜなら」では、理由と結果《けっか》が前後ぎゃくになります。③は「一生けん命勉強したのに」と同じ意味です。

5 詩を読む① 43ページ

(1) 独りになるため
(2) ア
(3) ウ

かんがえかた

(2) 手足に木のあとがつくほど、長い時間木の上にいたということです。木のあとがついたことは、**イ**「木の上でけが」をしたということではありません。

(3) **ア**「友達《ともだち》がいない」、**イ**「ほとんど眠《ねむ》れなかった」は詩からはわかりません。

6 四年生の漢字② 42ページ

1
① かか ② まと
③ りょうやく
④ けいば
⑤ しょうめい
⑥ ふしめ ⑦ と
⑧ しゅくじつ

2
① 感覚 ② 兵隊
③ 健康

3
① 争う
② 勇ましい
③ 戦う

かんがえかた

1 ⑥「節目《ふしめ》」は「区切り」という意味です。「せつめ」と読まないようにしましょう。
⑦「説《と》く」はわかりやすく言うという意味です。

3 ①と③は意味のにている漢字で、二字をあわせると「戦争《せんそう》」という言葉になります。

7 漢字辞典《じてん》の使い方 41ページ

1
① 八 ② 七
③ 七 ④ 十

2 (○をつけるほう)
① 左 ② 右 ③ 左

3
① **ア・ウ**(順不同《じゅんふどう》)
② **イ・ウ**(順不同《じゅんふどう》)
③ **ウ**

4 (右から順《じゅん》に)
① 3・1・2
② 3・2・1

かんがえかた

1 ③「図」の「㇕」、**2** ②「区」の「㇄」の部分はひとつづきで書きます。

4 ①部首が同じ場合は、部首以外《いがい》の部分の画数の少ない順《じゅん》、②部首がちがう場合は、部首の画数の少ない順《じゅん》にならべられています。

8 物語文を読む② 40ページ

(1) ウ
(2) イ
(3) ふたばは、ぐ

かんがえかた

(1) ふたばが「飼いたいの!」と言っていることや、くみおばさんの「おばさんたちだって……飼ってあげたい」という言葉から考えます。

(2) うなずく動作は「わかった」という合図です。「やさしい声」でふたばの気持ちをたしかめていることからもわかります。

(3) 手を「つよくにぎりしめ」る動作から強い気持ちが伝《つた》わります。

国語

1 四年生の漢字① 47ページ

1
① つた
② さいしょ
③ と
④ な
⑤ せいしょ
⑥ しょうてんがい
⑦ さくや
⑧ ほうたい

2
① 飛行機
② 選手
③ 上達

3
① 働く
② 別れる
③ 試みる

かんがえかた

1 ③「富《と》む」は「たくさんある」という意味です。

3 ② 一つのものが二つ以上《いじょう》になるときは「分かれる」、はなればなれになる意味のときは「別《わか》れる」を使います。

2 漢字の組み立て 46ページ

1
① 門・もんがまえ
② 心・こころ
③ 宀・うかんむり
④ ⻗・あめかんむり
⑤ 广・まだれ

2
① ⺮
② 氵
③ 木

3
① イ
② ウ

かんがえかた

1 漢字の意味をよく表す部分が部首になっているため、「間」の部首は「門」ですが、「聞」の部首は「耳」です。また、「魚」の部首は「灬」ではなく、「魚」です。

2 部首をつけると、①は「笛・答・等」、②は「油・波・海」、③は「柱・横・校」という漢字ができます。

3 物語文を読む① 45ページ

(1)
① オ
② エ
③ カ

(2) ア

かんがえかた

(1) ②「また午後に出直してこよう」とあります。

③ 悠太《ゆうた》から見える様子がえがかれた文章です。

(2) 読みたいざっしが読めない「がっかり」、しかたなく待つことにした「あきらめ」、急に話しかけられた「とまどい」と気持ちが変化《へんか》しています。

4 説明《せつめい》文を読む① 44ページ

(1) 前足

(2)
① おそわれる
② えさ

(3) イ

かんがえかた

(1)「鳥は、前足が変化した翼《つばさ》で空を飛ぶことで……」という文に着目しましょう。

(2) どのようにつごうがよかったのかは、最後《さいご》のだん落で説明《せつめい》されています。

(3)「恐竜の子孫《しそん》は鳥だということが明らかになっています」とあります。**ウ**は、文章中に書かれていません。